视觉中国500px摄影社区六合视界部落

编著

数码摄影后期必练的96个技法

摄影的起点

人 民 邮 电 出 版 社

北 京

图书在版编目（CIP）数据

摄影的起点 ： 数码摄影后期必练的96个技法 / 视觉中国500px摄影社区六合视界部落编著. -- 北京 ： 人民邮电出版社， 2021.8
ISBN 978-7-115-56424-5

Ⅰ．①摄… Ⅱ．①视… Ⅲ．①数字照相机－摄影技术 Ⅳ．①TB86②J41

中国版本图书馆CIP数据核字(2021)第076404号

内 容 提 要

本书非常详细地介绍摄影后期所必需的基础知识、需掌握的后期原理与实战技法，希望广大读者能尽快掌握摄影后期的入门及进阶内容。

本书并未向读者介绍摄影后期的详细参数设定，对于不同作品来说，参数设定只是根据实际情况进行的操作。对读者来说，更重要的是掌握摄影后期的原理及其所能实现的效果，这也是本书介绍的重点。为了方便大家学习，本书对摄影后期知识进行量化总结，归纳为96个知识点。第1～8个知识点介绍照片格式与软件基本操作；第9～40个知识点介绍摄影后期的核心原理与 Photoshop 软件应用核心技法；第41～96个知识点介绍风光摄影后期、人像摄影后期等实战技法。

本书内容由浅入深，全面介绍摄影后期从入门到进阶的知识和技巧，适合一般摄影爱好者、摄影从业人士阅读和参考。

◆ 编　著　视觉中国 500px 摄影社区六合视界部落
　　责任编辑　杨　婧
　　责任印制　陈　犇

◆ 人民邮电出版社出版发行　北京市丰台区成寿寺路 11 号
　　邮编　100164　电子邮件　315@ptpress.com.cn
　　网址　https://www.ptpress.com.cn
　　北京宝隆世纪印刷有限公司印刷

◆ 开本：889×1194　1/32
　　印张：7.375　　　　　　　2021 年 8 月第 1 版
　　字数：300 千字　　　　　　2021 年 8 月北京第 1 次印刷

定价：79.00 元

读者服务热线：(010) 81055296　印装质量热线：(010) 81055316
反盗版热线：(010) 81055315
广告经营许可证：京东市监广登字 20170147 号

前 言

Preface

摄影并不是简单的电子产品应用，成为艺术家的过程也并没有想象中那么简单。摄影是一种技术、理念与艺术灵感相融合的创作过程，如果你拥有了一部数码相机，之后还要学习摄影技术、摄影理念、实拍与摄影后期等方面的知识。

大众可以通过彼此交流提高自己的摄影水平，而通过专业的教程学习，则可以最大程度上构建自己的摄影知识体系，为以后的摄影学习和水平提高打下坚实基础。

本套图书为广大读者准备了以下几个方向的知识学习教程，不同教程针对不同的摄影学习需求：

- 《摄影的起点——数码摄影必练的 96 个技法》；

- 《摄影的起点——风光摄影必练的 96 个技法》；

- 《摄影的起点——人像摄影必练的 96 个技法》；

- 《摄影的起点——数码摄影后期必练的 96 个技法》；

- 《摄影的起点——手机摄影必练的 96 个技法》。

本书是其中的《摄影的起点——数码摄影后期必练的 96 个技法》。

实际上，学习摄影后期是没有捷径的！生硬地记住许多后期案例也几乎没有任何用处。如果没有一定的理论基础支持，你记住的后期案例没有可移植性，换一个场景你依然会有无处下手的感觉。

在编写本书时，笔者依然遵循了非常重要的一个原则，那便是让读者知其然，并知其所以然。只有学懂了摄影后期的基本原理，才能真正掌握全方位的后期知识。之后便是一些简单技巧的不断积累。

相信读者在阅读完本书之后，能够实现摄影后期的真正入门与水平提高，并具备一定高度的后期水准。但笔者不能保证读者在学习本书之后，一定能够修出"大师级"的完美照片。因为数码照片的后期处理不单是一门技术，还是一门艺术，它对摄影师的艺术修养及审美能力是有一定要求的。所以说，学好本书所介绍的内容只是第一步，接下来读者可能还要努力提升自己的美学修养和创意能力！

如果读者在学习过程中发现欠妥之处，或是对摄影后期等知识点有进一步的学习要求，可以加入我们的摄影教学 QQ 群 7256518，与笔者（微信号 381153438）进行沟通和交流；也可以关注我们的公众号 shenduxingshe（深度行摄），学习更多知识！

目　录

Contents

第4章　风光摄影后期四大要点

第5章　提升照片表现力的特殊技法

第6章　人像后期常规修片技法

本章将介绍摄影后期所涉及的照片
格式，以及针对Photoshop与Adobe
Camera Raw（简称ACR）软件的
基本操作。

第 1 章

照片格式与
软件基本操作

Chapter One

1.1 照片格式

01

JPEG、RAW、XMP 与 DNG 格式

JPEG 是摄影师常用的照片格式，扩展名为 .JPEG 或 .JPG（你可以在计算机内设定以大写字母还是小写字母的方式来显示扩展名，图 1-1 所示为以小写字母显示）。因为 JPEG 格式照片在高压缩性能和高显示画质之间找到了平衡，用通俗的话来说，即 JPEG 格式照片可以在占用很小空间的同时，具备很好的显示画质。并且，JPEG 是普及度和用户认知度都非常高的照片格式，计算机、手机等设备自带的读图软件都可以畅行无阻地读取和显示这种格式的照片。对于摄影师来说，大多时候都要与这种照片格式打交道。

从技术的角度来讲，JPEG 格式可以把文件压缩到很小。在 Photoshop 软件中以 JPEG 格式存储照片时，提供了 13 个压缩级别，以 0 ~ 12 表示。其中 0 级的压缩比最大，图像画质最差。以 12 级存储时，压缩比会变小，照片所占的磁盘空间会增大。我们在手机、计算机屏幕中观看的照片往往不需要太高质量的显示画质，较小的存储空间和相对高质量的画质就是我们追求的目标，因此我们选择 JPEG 格式作为常用的格式，它既能满足在屏幕上观看照片的画质需求，又可以大幅缩小照片占用的存储空间。

很多时候，当压缩级别为 8 ~ 10 时，可以获得存储空间与图像画质兼得的较佳压缩比。如果你的照片具有商业或印刷等需求，一旦保存为 JPEG 格式，那么建议采用压缩比较小的 12 级进行存储。

对于大部分摄影爱好者来说，无论最初拍摄了 RAW、TIFF、DNG 格式的照片，还是将照片保存为 PSD 格式，最终在计算机上浏览、在网络上分享时，照片通常都要转为 JPEG 格式。

图 1-1

　　从摄影的角度来看，RAW 格式与 JPEG 格式是绝佳的搭配。RAW 格式是数码相机的专用格式，是相机的感光元件 CMOS 或 CCD 图像感应器将捕捉到的光信号转化为数字信号的原始数据格式。RAW 格式文件记录了数码相机传感器的原始信息，同时记录了由相机拍摄所产生的一些原始数据（如 ISO 的设置、快门速度、光圈值、白平衡等）。RAW 格式是未经处理、也未经压缩的格式，可以把 RAW 格式文件概念化为"原始图像编码数据"，或更形象地称为"数字底片"。不同的相机有不同的对应格式，如 NEF、CR2、CR3、ARW 等。

　　因为 RAW 格式文件可保留摄影师创作时的所有原始数据，没有经过优化或压缩而产生细节损失，所以特别适合作为后期处理的底稿使用。

　　这样，相机拍摄的 RAW 格式照片用于后期处理，最终转为 JPEG 格式照片，便于在计算机上查看和网络上分享。所以说，这两种格式是绝配！

　　几年前，计算机自带的看图软件往往是无法读取 RAW 格式文件的，并且许多读图软件也不行（当然，现在几乎不存在这个问题）。从这个角度来看，RAW 格式文件在日常使用中较不方便。在 Photoshop 软件中，RAW 格式文件需要借助于特定的增效工具 ACR 来进行读取和后期处理，如图 1-2 所示。具体使用时，将 RAW 格式文件拖入 Photoshop，其会自动在 Photoshop 内置的 ACR 中打开。

图 1-2

TIPS

数码相机拍摄的 RAW 格式文件是加密的，有自己独特的算法。在相机厂商推出新机型的一段时间内，作为第三方的 Adobe 公司（开发 Photoshop 与 Lightroom 等软件的公司）尚未"破解"新机型的 RAW 格式文件，因此其无法被 Photoshop 或 Lightroom 读取。只有在一段时间之后，Adobe 公司破解该新机型的 RAW 格式文件后，用户才能使用 Photoshop 或 Lightroom 软件对其进行处理。

在后期处理方面，RAW 格式文件比 JPEG 格式文件到底强在哪里呢？

1 RAW格式文件保留了所有原始信息

RAW 格式文件就像一块未经加工的石料，可将其压缩为 JPEG 格式文件，这就像将石料加工为一座人物雕像。相信这个比喻可以让你很直观地了解 RAW 格式与 JPEG 格式的一些差别。在实际应用方面，将 RAW 格式文件导入后期软件，用户可以直接调用日光、阴影、荧光灯、日光灯等各种原始白平衡模式，获得更为准确的色彩还原效果，还可以如同在相机内设置照片风格（尼康称之为优化校准）一样，在 ACR 中设定照片的风格，如图 1-3 所示；JPEG 格式文件则不行，它已经在压缩过程中自动设定为某一种白平衡模式。另外，在 RAW 格式文件中，用户还可以对照片的色彩空间进行设置，而不像 JPEG 格式文件那样，已经自动设置为某种色彩空间（多为 sRGB 色彩空间）。

图 1-3

2 更大的位深度，确保有更丰富的细节和动态范围

　　打开一张 RAW 格式照片，提高 1EV 的曝光值；再打开一张与 RAW 格式照片内容完全一样的 JPEG 格式照片，提高 1EV 的曝光值；这样我们得到图 1-4 所示的测试效果。从图 1-4 中可以看到，RAW 格式照片提高曝光值后，画面整体明暗发生了变化，但各区域的明暗仍然非常合理，细节相对完整；而 JPEG 格式照片提高曝光值后，可以发现高光部位出现了明显的过曝现象，变得一片"死白"，损失了大量的高光部位的细节。

图 1-4

RAW 格式原片画面

将 RAW 格式原片
提高 1EV 曝光值后
的画面

JPEG 格式照片画面

将 JPEG 格式照片
提高 1EV 曝光值后
的画面

另外，我们对拍摄的 JPEG 格式照片进行明暗对比度调整时，经常会出现一些明暗过渡不够平滑、有明显断层的现象。这是因为 JPEG 格式是压缩后的照片格式，已经有太多的细节损失。如图 1-5 所示，天空部分的过渡就不够平滑，出现了大量的波纹状断层。

图 1-5

之所以出现图 1-4 和图 1-5 所示的问题，原因只有一个：那就是 JPEG 格式文件与 RAW 格式文件的位深度不同。JPEG 格式文件的位深度是 8 位，而 RAW 格式文件的位深度为 12 位、14 位或 16 位。

JPEG 格式文件位深度为 8 位，用通俗的话来说，即 R、G、B 这 3 个色彩通道分别要用 2^8 级亮度来表现（色彩也是有明暗的，第 3 章将详细介绍）。例如我们在 Photoshop 中调色或调整明暗影调时可以发现 0 ~ 255 级亮度，如图 1-6 所示。这就说明所处理的照片采用 256 级亮度，也就是 2^8，为 8 位。R、G、B 色彩通道分别都采用 256 级亮度，3 种色彩任意组合，那么一共会组合出 $256 \times 256 \times 256 = 16777216$ 种颜色，人眼基本上能够识别大约 1600 万种颜色，两者大致能够匹配。

再来看 RAW 格式文件，差别就很大。RAW 格式文件一般具有 12 或更高的位深度，假设有 14 位的位深度，那么 R、G、B 色彩通道分别采用 2^{14} 级亮度，最终构建出来的颜色数是 4398046511104。如此多的颜色，远远超过了人眼能够识别的种数。这样的好处就是给后期处理带来了更大的余地，而不会轻易出现 8 位位深度的照片"宽容度不够"的问题，如稍提高曝光值就会出现高光部位过曝、损失细节的现象等。要注意的一点是，RAW 格式在转化为 JPEG 格式时，位深度会转变为 8 位。

图 1-6

　　如果利用 ACR 对 RAW 格式文件进行处理，那么你会发现在文件夹中出现一个同名的文件，但文件扩展名是 .xmp。该文件无法打开，是不能被识别的文件，如图 1-7 所示。

　　其实，XMP 格式文件是一种操作记录文件，记录了我们对 RAW 格式文件的各种修改操作和参数设定，是一种经过加密的文件。正常情况下，该文件非常小，几乎可以忽略不计。但如果删除该文件，那么你对 RAW 格式文件所进行的处理和操作会消失。

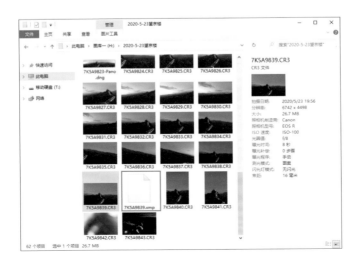

图 1-7

如果你理解了 RAW 格式，那么很容易弄明白 DNG 格式。DNG 格式也是一种 RAW 格式，它是 Adobe 公司开发的开源的 RAW 格式。Adobe 公司开发 DNG 格式的初衷是希望破除日系相机厂商在 RAW 格式文件方面的技术壁垒，能够实现统一的 RAW 格式标准，不再有细分的 CR2、NEF 等。虽然有哈苏、徕卡及理光等厂商的支持，但佳能及尼康等更大众化的厂家并不"买账"，所以 DNG 格式并没有实现其开发的初衷。

当前，Adobe 公司的 Lightroom 软件会默认将 RAW 格式文件转为 DNG 格式文件进行处理，这样做的好处是可以不必产生额外的 XMP 格式文件，所以你在使用 Lightroom 进行原始文件处理之后，是看不到 XMP 格式文件的。另外，在对使用 DNG 格式的原始文件进行修片时，处理速度可能快于一般的 RAW 格式文件。但是 DNG 格式的问题也是显而易见的，兼容性是一个大问题。当前主要是 Adobe 公司旗下的软件支持这种格式，其他的一些后期软件可能并不支持它。

在 Lightroom 的"首选项"对话框中，可以看到软件是以 DNG 格式对原始文件进行处理的，如图 1-8 所示。

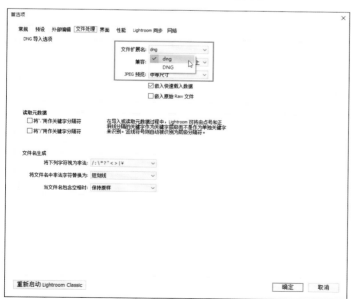

图 1-8

02

PSD 和 TIFF 格式

　　PSD 是 Photoshop 图像处理软件的专用文件格式，文件扩展名为 .psd，是一种无压缩的原始文件保存格式，我们也可以称之为 Photoshop 的工程文件格式（在计算机中双击 PSD 格式文件，会自动打开 Photoshop 进行读取）。由于 PSD 格式可以记录所有之前的处理信息和操作步骤，因此在图像处理中对于尚未制作完成的图像，选用 PSD 格式保存是极佳的选择。保存以后再次打开 PSD 格式文件，之前编辑的图层、滤镜、调整图层等处理信息还存在，可以继续修改或者编辑。

　　也是因为保存了所有的处理信息，所以 PSD 格式文件往往非常大，并且通用性很差，只能使用 Photoshop 读取和编辑，使用不便。

　　从对照片编辑信息的保存完整程度来看，TIFF 格式文件与 PSD 格式文件很像。TIFF 是由 Aldus 和 Microsoft 公司为印刷出版开发的较为通用的图像文件格式，扩展名为 .tif。TIFF 格式是现存图像文件格式中非常复杂的一种，它可以支持在多种计算机软件中进行图像读取和编辑。

　　当前几乎所有的照片输出，比如印刷作品集等，大多采用 TIFF 格式。以 TIFF 格式存储后文件会变得很大，但却可以完整地保存照片信息。从摄影师的角度来看，TIFF 格式文件大致有两个用途：如果我们在确保照片有较强通用性的前提下保留图层信息，那么可以将照片保存为 TIFF 格式；如果我们的照片有印刷需求，可以考虑保存为 TIFF 格式。更多时候，我们使用 TIFF 格式主要是看中其可以保留照片处理的图层信息，如图 1-9 所示。

图 1-9

PSD 格式与 TIFF 格式，主要的异同点有以下几个。

（1）PSD 格式文件是工作用文件，而 TIFF 格式文件更像是工作完成后输出的文件。完成对 PSD 格式文件的处理后，将其输出为 TIFF 格式文件，可确保在保存大量图层信息及编辑操作的前提下，文件能够有较强的通用性。例如，假设我们对某张照片的处理没有完成，但必须要出门，则将照片保存为 PSD 格式，回家后可以重新打开保存的 PSD 格式文件，继续进行后期处理；如果保存为 TIFF 格式，肯定会产生一定的信息压缩，回家后就无法进行延续性很好的处理。如果照片已经处理完毕，又要保留图层信息，那保存为 TIFF 格式是更好的选择；如果保存为 PSD 格式，则该照片的后续使用会较为受限。

（2）这两种格式都能保存图层信息，但是 TIFF 格式仅能保存一些位图格式信息，而图层蒙版、矢量线条等是无法保存的；但 PSD 格式却可以毫无遗漏地保存所有图层信息和编辑操作。

03

GIF 与 PNG 格式

GIF 格式可以存储多幅彩色图像，如图 1-10 所示。如果把存储于一个文件中的多幅图像逐幅读出并显示到屏幕上，就可构成非常简单的动画。当然，也可能是静态的画面。

GIF 格式自 1987 年由 CompuServe 公司引入后，因其体积小、成像相对清晰，特别适合于初期慢速的互联网，而大受欢迎。当前很多网站首页的一些配图就是 GIF 格式的，如图 1-10 所示。将 GIF 格式的照片载入 Photoshop，可以看到它是由多个图层组成的，如图 1-11 所示。

图 1-10

图 1-11

相对来说，PNG 格式是一种较新的图像文件格式，其设计目的是试图替代 GIF 格式和 TIFF 格式，同时增加一些 GIF 格式所不具备的特性。

对于我们摄影用户来说，PNG 格式较大的用途往往在于其能很好地保存并支持透明效果。我们抠取出主体景物或文字，删掉背景图层，然后将照片保存为 PNG 格式，接下来将该 PNG 格式照片插入 Word 文档、PPT 文档或网页时，它会无痕地融入背景，如图 1-12 所示。

图 1-12

1.2 Photoshop 与 ACR 基本操作

04

Photoshop 基本操作

作为初学者，你必须要认真阅读下面的内容，因为这会涉及你在最初使用 Photoshop 时遇到的一些简单问题。对 Photoshop 主界面有一定的了解，并学会一定的操作技能，对你后续的学习会有很大帮助。

初学者第一次启动 Photoshop 时，可能会发现与图书、视频教程中见到的软件界面不同，首先会载入开始界面；而对于摄影后期用户来说，首先应该配置到摄影界面。在 Photoshop 主界面右上角单击下三角按钮，展开下拉列表，选择"摄影"选项，即可将界面配置为适合摄影后期用户的摄影界面，如图 1-13 所示。

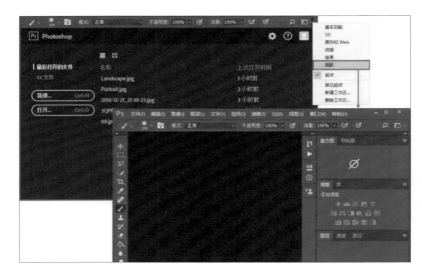

图 1-13

　　此时，打开一张或多张照片，这样工作区显示照片，而右侧的面板中则可以显示一些照片的具体信息，如"直方图"面板、"图层"面板等都显示了大量信息。这可以方便摄影师对照片进行后期处理，如图 1-14 所示。

　　在摄影界面中，默认显示"直方图""导航器""库""调整""图层""通道"和"路径"这 7 个面板，图 1-14 显示的是处于激活状态并显示出来的"直方图"和"图层"面板，其他面板处于收起状态。

图 1-14

　　将主界面配置为摄影界面后，接下来可以进行一些具体的操作和设置。比如说，想要将某个面板移动到另一个位置，那只要用鼠标按住该面板的标题不放，然后拖动鼠标，即可移动该面板的位置，如图1-15所示。这样，就可以从折叠在一起的面板中将某一个面板单独移走，图1-15中将"直方图"面板、"图层"面板移动到了其他位置，使这两个面板处于浮动状态。

　　注意，从某个面板组中拆出某个面板时，要按住该面板的标题拖动，如果按住标题旁边的空白处拖动，则会移动面板组的位置。

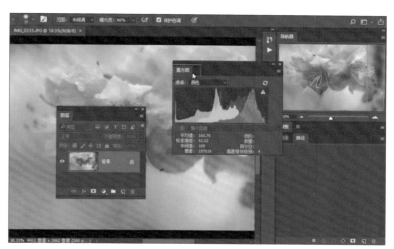

图1-15

　　如果要将处于浮动状态的面板复原，那也很简单，同样是按住该面板的标题，拖回Photoshop主界面右侧的面板组，待出现蓝色的停靠指示后释放鼠标，就可以将浮动面板复原，并将多个面板折叠在一起，如图1-16所示。

　　对于一般的用户来说，使用"图层"面板的频率远高于该面板组中的其他两个面板，那么按住该面板标题向左拖动，拖动到最左侧的位置，这样就可以改变面板的排列次序，如图1-17所示。

TIPS

之所以要改变面板的排列次序，是因为面板组中左侧第一个面板是默认激活并显示的。将常用的"直方图""调整"和"图层"面板放在首位，是极佳选择。

图1-16　　　　　　　　图1-17

对于用户来说,"图层"面板基本每天都要用到,而"通道"这类面板则偶尔使用;此外, "库"面板几乎从来不会使用,那么可以将其关闭,不显示在主界面中。具体操作时,右击"库"面板的标题,在弹出的快捷菜单中选择"关闭"命令,就可以将该面板关闭,如图1-18所示。

图1-18

如果要再次打开某些被关闭的面板,或打开一些新的面板,只要在"窗口"菜单中选择具体的面板名称即可。如图1-19所示,在"窗口"菜单中选择"图层"命令,可以发现在主界面右侧打开了"图层"面板。当然,这种方式也可以用于关闭已经打开的面板。再次在"窗口"菜单中选择"图层"命令,就可以将打开的"图层"面板关闭。

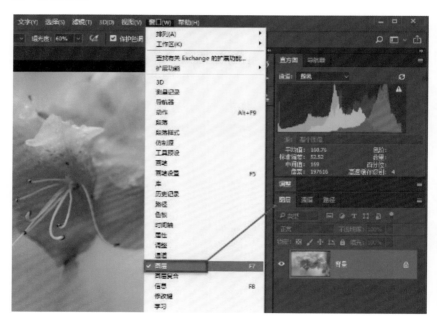

图1-19

对 Photoshop 不甚了解的初级用户,使用其一段时间后可能会发现一些问题,例如发现自己的主界面突然发生了变化,找不到某些常用的功能;或者某些自己常用的面板发生了变化,不再固定在右侧,而处于浮动状态,非常散乱。这都没有关系,只要在主界面右上角单击界面配置按钮█,展开下拉列表,选择"复位摄影"选项,如图1-20所示。

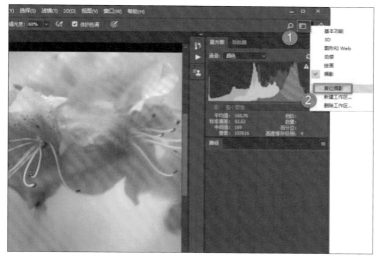

图1-20

　　这样操作即可将混乱的主界面恢复为初始状态，如图1-21所示。无论你怎样"折腾"Photoshop的主界面和功能面板，只要掌握了操作和复位的方法，那么一切都不是问题。

　　整体上来看，Photoshop的主界面是很友好的，赋予了用户非常大的自由度，让用户可以根据自己的工作需求、使用习惯和个人偏好来随意地设置功能面板的开关和展示形态。

图1-21

05

ACR 载入照片的 5 种方式

在摄影或是后期学习中，你总会遇到一些初学者会有这样的问题——"怎样打开 ACR？""JPEG 格式照片也能使用 ACR 进行处理吗？"这里我们一次性介绍多种在 Photoshop 中进入 ACR 的方式，无论你要处理 RAW 格式照片，还是 JPEG 格式照片，均可以轻松进入 ACR 并对照片进行处理。

第 1 种方式：针对 RAW 格式照片。无论是佳能的 CR2 格式照片、尼康的 NEF 格式照片，还是索尼的 ARW 格式照片，只要你的 ACR 版本足够新，那么先打开 Photoshop，然后直接将 RAW 格式照片拖入 Photoshop，如图 1-22 所示，就可以自动进入 ACR 处理界面。

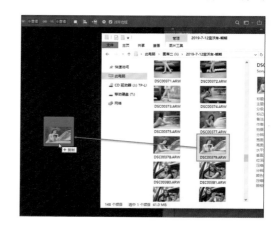

图 1-22

第 2 种方式：针对 JPEG 格式照片。首先打开 Photoshop，在"文件"菜单中选择"在 Bridge 中浏览"命令，然后打开 Bridge 界面，找到要处理的照片，右击该照片，在弹出的快捷菜单中选择"在 Camera Raw 中打开"命令，如图 1-23 所示，这样即可将该照片载入 ACR 处理界面。

图 1-23

第 3 种方式：针对 JPEG 格式照片。首先打开 Photoshop，在"文件"菜单中选择"打开为"命令，在弹出的"打开"对话框中，单击选中照片，然后在右下角的格式下拉列表中选择"Camera Raw"，最后单击"打开"按钮，如图 1-24 所示，这样即可将该照片在 ACR 处理界面中打开。

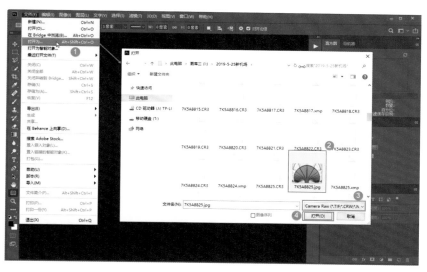

图 1-24

第 4 种方式：针对 JPEG 格式照片。首先在 Photoshop 中打开要处理的 JPEG 格式照片，然后在"滤镜"菜单中选择"Camera Raw 滤镜"命令，就可以打开该 JPEG 格式照片，如图 1-25 所示。

需要注意一点，在"滤镜"菜单中选择"Camera Raw 滤镜"可以将照片载入 Camera Raw 滤镜，但你会发现该操作进入的界面与其他方式进入的界面不同，功能也不尽相同。如利用"滤镜"菜单操作进入的 Camera Raw 滤镜，虽然大部分功能可以使用，但缺少裁剪、拉直等工具。相对来说，还是彻底进入 ACR 后能够实现的功能更全面一些；通过"滤镜"菜单进入，虽然更为快捷，但是部分功能的使用会受到限制。

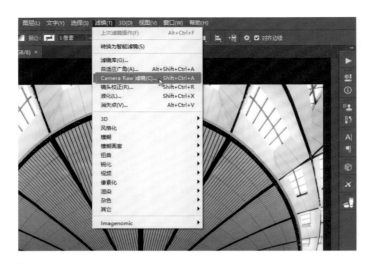

图 1-25

第 5 种方式：如果想让拖入 Photoshop 的 JPEG 格式照片直接在 ACR 中打开，或者想要一次性打开多张 JPEG 格式照片，那么第 5 种方式是必须要掌握的技巧。

打开 Photoshop，单击"编辑"菜单，在底部选择"Camera Raw 首选项"。在打开的"Camera Raw 首选项"界面中，单击"文件处理"切换到"文件处理"选项卡，然后在"JPEG 和 TIFF 处理"这组参数的 JPEG 下拉列表中，选择"自动打开所有受支持的 JPEG"，如图 1-26 所示，最后单击"确定"按钮返回即可。

这样无论选中几张 JPEG 格式照片，拖入 Photoshop 后，都会自动载入 ACR，如图 1-27 所示。

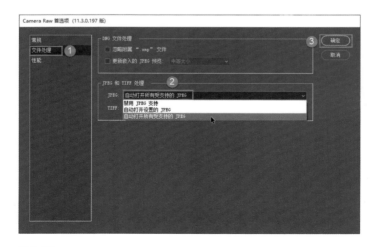

图 1-26

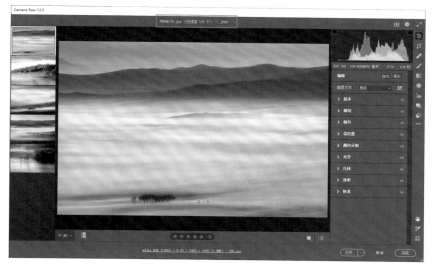

图 1-27

06
照片保存设定：色彩空间与画质

正常来说，我们要涉及两个层面的色彩空间。第一个层面是软件的色彩空间配置。所谓软件的色彩空间配置是指使用该软件进行修片时，软件会提供一个非常宽的色域，即色彩空间，以容纳要处理的照片的色彩空间。第二个层面是照片自身的色彩空间，比如说在拍照时，相机会为照片配置一个色彩空间，即 sRGB 或 Adobe RGB。

这时就存在一个问题，如果软件的色彩空间配置得比较小，为 sRGB 色彩空间，而照片配置的是比较大的 Adobe RGB 色彩空间，那么照片导入 Photoshop 后，由于 Photoshop 中的色彩空间比较小，容纳不了照片的色彩空间，就必然会造成色彩信息的溢出，即损失一些色彩信息。由此可见，Photoshop 自身的色彩空间应设置得大一些，至少应设置为 Adobe RGB 色彩空间，或更大的色彩空间。

但输出照片时，为了更好的兼容性，让照片在电子设备上显示出准确的色彩，需要将照片色彩空间配置为 sRGB。具体操作为在 Photoshop 中单击"编辑"菜单，选择"转换为配置文件"命令，打开"转换为配置文件"对话框后，在下方的配置文件下拉列表中选择 sRGB 色彩空间，然后单击"确定"按钮即可，如图 1-28 所示。

图 1-28

这样在保存时，从"另存为"对话框下方就可以看到 ICC 配置文件为 sRGB，之后直接单击"保存"按钮即可，如图 1-29 所示。

图 1-29

保存照片的最后一步为照片画质设定。照片画质设定主要针对的是 JPEG 格式照片，前文已经介绍过，这里不再过多介绍。设定好之后直接单击"确定"按钮，完成照片画质的设定和保存即可，如图 1-30 所示。

图 1-30

1.3 批处理照片

07

Photoshop 批处理照片

图 1-31 所示为处理好的一批照片。单击选中一张照片，我们可以看到它的照片尺寸为 1600 像素 ×1067 像素，但客户需要长边为 1000 像素的照片。如果逐张进行照片尺寸的缩小，那么工作量会变大，并且容易出现失误，这时可以用"批处理"命令来进行操作。

首先，我们将这些照片单独保存在一个文件夹中。接下来，我们在这个文件夹中再次新建一个命名为"修"的文件夹，即我们将压缩后的新照片都放到这个单独的"修"文件夹中。

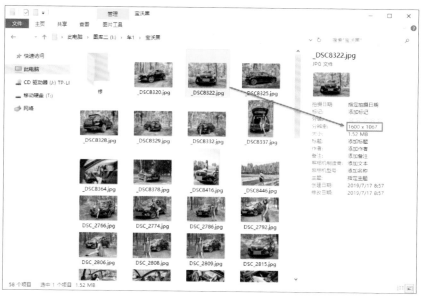

图 1-31

首先，在 Photoshop 中打开其中一张照片，单击"窗口"菜单，选择"动作"命令，如图 1-32 所示。这时我们就可以看到打开了"动作"面板，事实上"动作"面板与"历史记录"面板早已打开，只是被折叠起来。我们也可以从折叠图标面板中单击将"动作"面板展开。

展开"动作"面板之后，我们单击打开右上角的下拉列表，在其中选择"新建动作"，如图 1-33 所示。

此时会弹出"新建动作"对话框，我们可以为动作重新命名，也可以直接保持默认的动作名称。此处保持默认的动作名称"动作 2"，然后单击"记录"按钮，如图 1-34 所示。

图 1-32

图 1-33

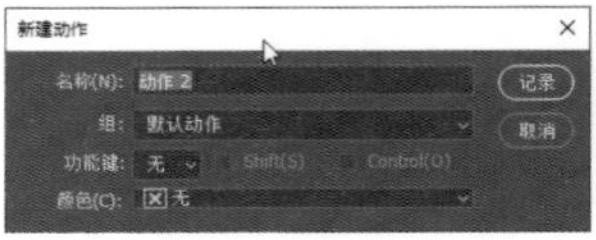

图 1-34

此时我们在"动作"面板左下角，可以看到一个红色圆点，表示动作正在录制，如图 1-35 所示。

适当地对照片进行亮度、对比度的调整，如图 1-36 所示。

然后调整照片尺寸，保持锁定原始照片的比例，再将宽度设为 1000 像素，那么高度会自动被设定为 668 像素。尺寸得到压缩，最后单击"确定"按钮，如图 1-37 所示。

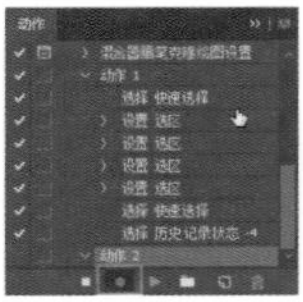

图 1-35

图 1-36

图 1-37

经过上述操作之后，照片的尺寸变小。我们单击打开"文件"菜单，选择"存储为"命令，打开"另存为"对话框，对话框中我们将压缩后的照片存储到"修"文件夹中，最后单击"保存"按钮，如图 1-38 所示。

之前我们介绍过，照片的压缩级别设定为 10 是一个比较理想的选择，设定照片的压缩级别为 10，最后单击"确定"按钮。

图 1-38

此时如果"动作"面板折叠起来，可以单击"动作"面板的标题再次打开"动作"面板，在"动作"面板的左下角，单击"停止播放 / 记录"按钮，完成"动作"的录制。此时，我们可以看到新录制的"动作 2"的处理过程为亮度 / 对比度 > 图像大小 > 存储 > 关闭，如图 1-39 所示。

单击"文件"→"自动"→"批处理"命令，如图 1-40 所示。

图 1-39

图 1-40

在打开的"批处理"对话框中，选择播放的动作为"动作2"，因为我们新录制的动作名称是"动作2"。然后在"源"中设定为"文件夹"，再单击"选择"按钮，找到我们将要处理的照片文件夹；在右侧"目标"文件夹中，单击"选择"按钮，将这些压缩的照片存储到目标文件夹，即我们新建立的"修"文件夹；最后单击"确定"按钮，开始批处理操作，如图1-41所示。

图 1-41

经过计算机计算、运行、处理，我们会发现所要进行尺寸压缩的照片很快被统一压缩，尺寸为1000像素×668像素。这样，我们就完成了照片的批处理操作。

08

ACR 批处理照片

前文我们介绍的利用ACR进行照片处理，都是针对单独的某张照片进行的。即便要快速处理大量照片，往往也需要将单独的照片处理好之后，再打开下一张照片，利用预设功能进行快速的处理。这其实仍然太麻烦了，需要逐张照片进行操作。

其实，ACR是具备多照片同时处理功能的。因为我们批处理的是JPEG格式照片，所以在将其拖入Photoshop之前，先在"Camera Raw首选项"界面中确认已经设定了用ACR自动打开所有受支持的JPEG格式照片，如图1-42所示。

设定好之后，在照片文件夹中按住Ctrl键，分别选中同场景中色彩、曝光等都相似的多张JPEG格式照片，然后向Photoshop内拖动。

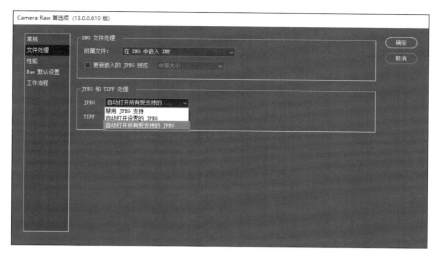

图 1-42

　　拖入 Photoshop 后，这些照片会同时在 ACR 中打开，照片的缩略图会显示在 ACR 处理界面的左侧。选中某一张照片，对该照片进行处理，如图 1-43 所示。也就是说，当前用户只要对这张照片进行全方位的处理即可，而不必关注打开的其他照片。

　　处理后，在左侧的缩略图中可以看到照片底部右侧是一般后期处理的标记，而缩略图的效果也会跟随工作区中的照片同时变化。

图 1-43

接下来，在左侧缩略图列表上方，单击下拉列表，选择"全选"，如图 1-44 所示，再次将 ACR 中打开的所有照片都选中。当然，你也可以按 Ctrl+A 组合键直接全选这些照片。

图 1-44

全选所打开的照片后，再次单击下拉列表，在其中选择"同步设置"选项，如图 1-45 所示。

图 1-45

此时会打开"同步"界面。在该界面中，可以看到白平衡、曝光、锐化等几乎所有能对照片进行的调整都被选择了，这样自然就会包括我们之前进行的调整。至于我们没有进行的调整，即便选择了也不会有什么影响。

唯一需要注意的是底部的"裁剪""污点去除"和"局部调整"这 3 个复选框，之所以不能勾选它们，是因为每张照片的裁剪肯定是不一样的，并且污点位置也不会一样，故这类复选框不能勾选。

接下来，单击"确定"按钮即可，如图 1-46 所示。

图 1-46

将对一张照片的调整同步到其他照片，表示将所做的修改都套用到了其他照片上。这样打开的所有照片就都完成了调整。

照片就都处理完了，接下来用户可以在左侧缩略图中分别选中不同的照片查看处理效果，如果对某些效果不满意，还可以进行一些微调。

处理完毕后，保持照片全选状态，单击界面左下角的"存储图像"按钮，打开"存储选项"界面，在其中对存储选项进行设定。

设定好之后，单击"存储"按钮，如图 1-47 所示，即可完成照片的批处理。

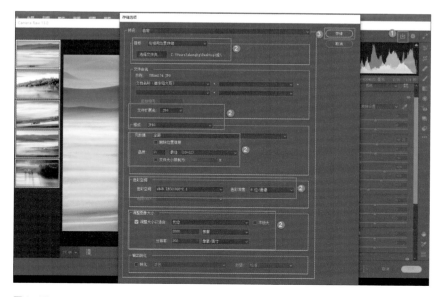

图 1-47

第 2 章

摄影后期的
基本原理

Chapter Two

　　学习摄影后期，只有掌握了软件中影调调整、调色以及其他大量功能的内在使用逻辑，才能够真正掌握软件的使用方法，为后续的学习打好基础。本章将介绍摄影后期中重要的三大原理——明暗原理，色彩原理，黑、白、灰原理。针对明暗原理，主要介绍摄影后期中影调调整功能的一些内在逻辑，帮助读者掌握影调调整的思路和技巧；针对色彩原理，主要介绍摄影后期调色的基本原理及相关功能使用方法；针对黑、白、灰原理，主要介绍贯穿整个摄影后期的影调定位与借助于黑、白、灰原理来建立选区的一些技巧。

2.1 明暗原理

明暗原理主要是指直方图的基本构成、原理以及使用方法。只有掌握了这些方法，我们才能够对照片的明暗调整有所掌握，即在调整照片的明暗时，做到有的放矢，并结合软件实现很好的调整功能。

09

直方图的概念与构成原理

直方图是用于衡量照片明暗的一个重要指标，在相机中查看照片时，可以调出直方图，查看照片的曝光状态。在后期软件中，直方图是指导摄影后期明暗调整非常重要的一个工具。在 Photoshop 或 ACR 的主界面中，界面右上角都会有一个直方图，它是非常重要的"衡量标尺"。一般来说，调整明暗时，需要随时观察照片调整之后的明暗状态，不同显示器显示的明暗状态也不同。如果只靠肉眼观察，可能无法非常客观地描述照片的亮部与暗部的影调分布状态。但借助直方图，再结合肉眼的观察，就能够实现更为准确的明暗调整。下面来看直方图的构成原理。

如图 2-1 所示，首先在 Photoshop 中打开一张从黑到白的包含不同亮度的像素的图像，这是一张有黑色、深灰、中间灰、浅灰和白色的图像。打开之后，在界面右上方出现了直方图，但是直方图并不是连续的波形，而是一条条竖线。根据它们的对应关系，直方图从左向右对应了不同亮度的像素，最左侧对应的是纯黑，最右侧对应的是纯白，中间对应的是深浅不一的灰色。因为由黑到白的过渡并不是平滑的，所以表现在直方图中也是一条条孤立的竖线。直方图从左到右对应的是图像从纯黑到纯白的不同亮度的像素，不同线条的高度则对应的是不同亮度的像素的数量。纯黑的像素和纯白的像素非常少，它们对应的竖线高度也比较低；中间的一些灰色的像素比较多，它对应的竖线高度也比较高，由此可以较为容易地理解直方图与像素的对应关系。

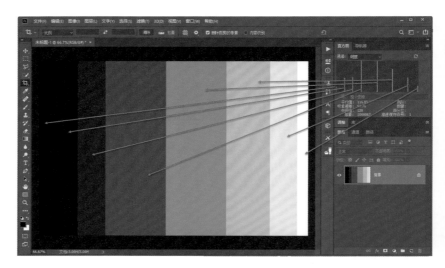

图 2-1

再来看一张正常的照片，如图 2-2 所示。照片中，像素从纯黑到纯白是非常平滑并连续过渡的，表现在直方图中也是如此。这就是直方图与照片画面的明暗对应关系。

图 2-2

打开一张照片之后，初始状态的直方图如图2-3所示，直方图中有不同的色彩，对应不同色彩的明暗分布关系。

如果要调整为比较详细的直方图，可以在直方图面板右上角打开折叠菜单，选择"扩展视图"，可以调出更为详细的直方图，如图 2-4 所示。在"通道"下拉列表中选择"明度"，可以更为直观地观察对应明暗关系的直方图，即明度直方图。

图 2-3

如图 2-5 所示，初次打开的明度直方图右上角有一个警告标记，它对应的是"高速缓存"。所谓高速缓存是指在处理照片时，直方图处理的是抽样像素，并非完整的照片像素。因为在处理时，软件会对整个照片画面进行简单的抽样，这样会提高处理时的显示速度。如果"点掉"高速

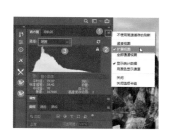

图 2-4

缓存标记，此时的直方图与照片会形成准确的对应关系，但处理照片时，它的显示速度会变慢，影响后期处理的效率。大部分情况下，高速缓存默认是自动运行的。当然，高速缓存是可以在软件的首选项中进行设定的。高速缓存的级别越高，抽样的程度会越大，与直方图对应的准确度也会越低，但是显示速度会越快。如果设定较低的高速缓存级别，比如说没有高速缓存，则它与照片画面的对应程度就非常大，但是刷新的效率会比较低。从当前画面中可以看到，高速缓存级别为 2，是一个比较高的级别。

如果"点掉"高速缓存，直方图会有一定的变化，如图 2-6 所示。

打开一张照片，在直方图上单击，会出现大量的参数，如图 2-7 所示。

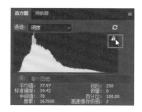

图 2-5

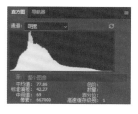

图 2-6

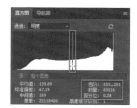

图 2-7

其中，平均值指的是画面所有像素的平均亮度。比如，亮度为 0 的像素有多少个，亮度为 128 的像素有多少个，亮度为 255 的像素的有多少个，将这些像素的亮度相加，再除以像素总数，就得出平均值。平均值能反映照片整体的明暗状

态。这里可以普及一个小知识——一张照片或一幅图像在 Photoshop 中的亮度共有 256 级，纯黑为 0 级亮度，纯白为 255 级亮度，其他亮度位于 0 ~ 255 级，当然某级亮度的像素可能会有很多个。

标准偏差是统计学上的概念，这里不进行过多的介绍。

中间值可以在一定程度上反映照片整体的明暗程度。此处的中间值为 169，表示这张照片比一般照片要稍亮一些，照片整体是偏亮的。

像素对应的是照片的像素总数，用照片的长边像素乘以宽边像素，就是照片的像素总数。

色阶表示当前鼠标指针单击位置所选择的像素的亮度。

数量表示所选择的这些像素中有多少个亮度为 151 的像素，亮度为 151 的像素共有 83016 个。

百分位是指亮度为 151 的像素个数占像素总数的百分比。

以上就是直方图所显示参数的详细介绍。

10
5 类常见直方图

通常情况下，对于绝大部分后期处理的照片来说，其显示出的常见直方图可以分为 5 类。

第 1 类是曝光不足的直方图，如图 2-8 所示。从直方图来看，暗部的像素会比较多，亮部是缺乏像素的，甚至有些区域没有像素，因此照片比较暗，这也表示照片可能曝光不足。从照片来看，它也确实是曝光不足的一张照片。

图 2-8

　　第 2 类是曝光过度的直方图，如图 2-9 所示。从直方图来看，大部分像素位于亮部，而暗部的像素比较少，这表示照片可能曝光过度。从照片来看也确实如此。

图 2-9

第 3 类是影调缺乏过渡的直方图，如图 2-10 所示。从直方图来看，照片中暗部与亮部的像素比较多，中间调区域的像素比较少。这表示照片的反差大，影调缺乏过渡。从照片来看也是如此，亮部与暗部的像素都比较多，中间调过渡得不够自然、平滑，反差过大。

图 2-10

第 4 类是影调反差较小的直方图，如图 2-11 所示。从直方图来看，左侧的暗部也缺乏像素，右侧的亮部也缺乏像素，大部分像素集中于中间调区域。拥有这种直方图的照片一定具有对比度比较小、灰度比较高的画面，画面宽容度会有所欠缺。从照片来看也确实如此。

第 5 类是影调分布均匀的直方图，也是比较正常的一类，如图 2-12 所示。大部分照片经过调整之后，都会有这样的直方图，无论暗部还是亮部都有像素，从最暗到最亮的各个区域，像素分布比较均匀。虽然这张照片暗部和亮部的像素都比较多，反差稍大，但整体来看是比较正常的。

最后需要单独介绍直方图的波形。如果最亮或最暗的部分堆积大量像素，这样的直方图都是有问题的。比如黑色的 0 级亮度像素非常多，就会出现暗部溢出的问题，大量像素变为纯黑之后，这些纯黑的像素是无法呈现有用信息的；白色的

255 级亮度像素也是如此，如果纯白的像素非常多，就会出现亮部溢出的问题。正常来说，大部分像素应该位于 0 ~ 255 级亮度的中间，需要有像素达到 0 级亮度和 255 级亮度，且在两端不能出现像素的堆积，这是直方图的标准和要求。

图 2-11

图 2-12

11

特殊直方图

前文介绍了直方图的 5 类常见形式，也有一些特例要单独介绍一下。

第 1 类特殊直方图如图 2-13 所示。从直方图来看，更多的像素位于直方图的右侧，也就是说照片的整体亮度非常高，照片可能是一种过曝的照片。从照片来看，这是一种浅色系景物占据绝大多数的画面，这种画面本身就有一种高调的效果。所以，有时看似过曝的照片，实际上它对应的是高调的风光或人像画面。这种情况下，只要没有出现大量像素的过曝，那也是没有问题的。出现过曝时，直方图右上角的警告标记（三角标）会变为白色。

图 2-13

第2类特殊直方图如图2-14所示。从直方图来看，左侧暗部有一些像素堆积，右侧亮部也有像素堆积，照片可能是一种反差过大的照片，中间调区域的像素有所欠缺，明暗过渡不够理想。从照片来看，会发现照片本身就是如此，因为是逆光拍摄的画面，白色的云雾亮度非常高，逆光的山体接近于黑色，所以画面的反差本身就应该比较大，这也是比较正常的。在高反差场景中，比如拍摄日落或日出时的逆光场景，画面中往往会有较大的反差，直方图也是看似不正常的，这也是一种比较特殊的影调输出状态。

图 2-14

第3类特殊直方图如图2-15所示。从直方图来看，照片可能是一张严重曝光不足的照片，是有问题的。但从照片来看，它本身强调的是日照金山的场景，有意压低了周边的曝光值，体现一种明暗对比的画面效果，是没有问题的。虽然直方图看似曝光不足，并且左上角的三角警告标记变白，表示有大量像素变为了纯黑色，但从照片效果来看，这是一种比较创意的曝光效果，也是没有问题的。

第4类特殊直方图如图2-16所示。从直方图来看，左侧的暗部和右侧的亮部都缺乏像素，大部分像素集中于中间偏亮的位置，照片可能是一种孤空型的照片。这种直方图的画面通透度有所欠缺，对比度比较低。但从照片来看，就是需要体现比较朦胧的影调，也是没有问题的，这也是一种比较特殊的情况。

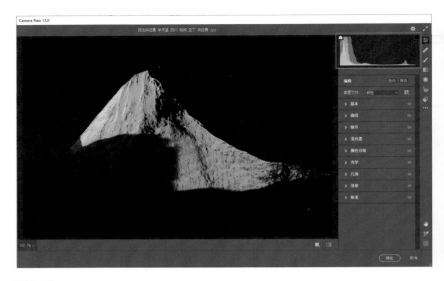

图 2-15

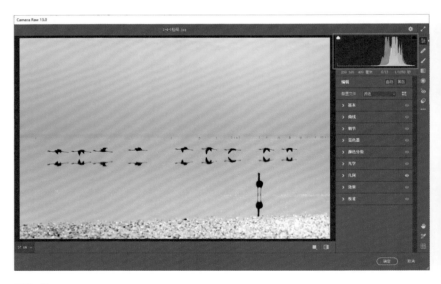

图 2-16

2.2 色彩原理

在摄影后期中，调色是非常重要的一个环节。调色没有太多可遵循的规律，往往需要借助摄影师的审美与经验积累，非常有难度，这也是摄影后期难度非常大的一个环节。如果仔细分析可知，摄影后期的调色会存在一些非常基本的原理和规律。掌握这些原理和规律，对摄影后期的调色会有很好的指导作用。

经过总结，无论哪一种后期软件的调色，都会借助 3 种基本色彩原理：互补色原理、相邻色原理、参考色原理。下面分别进行介绍。

12

互补色原理

所谓的互补色原理是指，如果两种色彩相加得白色，那么这两种色彩就会被称为互补色。在摄影创作的过程中，具有互补色的照片给人的视觉冲击力是非常强的，画面的色彩反差会非常大，往往体现一种对比的色彩效果。如图 2-17 所示，在呈现的色彩效果图中，红色与青色混合会得到白色，那么红色与青色就是互补色。而蓝色与黄色是互补色，绿色与洋红也是互补色。将这些色彩更为详细地放在色轮图上，可以看到更多的互补色组合。自然界中的太阳光线经过分离后，分离出红、橙、黄、绿、青、蓝、紫 7 种色彩的光线，而大部分色彩可以经过二次分离，分离出红、绿、蓝 3 种色彩。也就是说，所有的光线，最终会分解为红、绿、蓝 3 种色彩的光线，因此红、绿、蓝也称为三原色。这是 3 种基本的色彩。在软件的后期调色中，就会以红、绿、蓝这 3 种色彩作为基色，并纳入它们的补色来实现调色的最终目的。

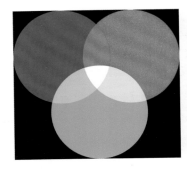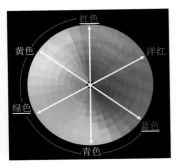

图 2-17

13

互补色在 Photoshop 中的应用

　　在 Photoshop 中打开一张照片，创建一个色彩平衡调整图层，如图 2-18 所示。在打开的"色彩平衡"面板中，有青色与红色、洋红与绿色、黄色与蓝色这 3 组色彩，滑块右侧是三原色，左侧是它们的补色。因此，我们掌握了互补色原理，就能够清楚地知道如何有针对性地调整这 3 组色彩中的单原色与它们的补色。我们需要牢牢记住这 3 组色彩，因为在整个 Photoshop 的调色过程中，这 3 组色彩会贯穿始终。

　　具体调色时，要通过调整每一种色彩与其互补色这两者之间的搭配比例，来实现色彩的正确显示。如果发现照片中某个区域偏红，就需要降低红色的比例（或增加青色的比例）来实现局部的调色。判断照片偏哪一种色彩，需要通过不断的后期练习，根据自己的认知来进行判断。如图 2-19 所示，天空部分应该是蓝色的，此时有一些偏紫、偏洋红，就需要降低洋红的比例，让天空部分的色彩变得更加准确；左下方的地面部分也有一些偏红，黄色表现力不够，因此可以提高黄色的比例，结合降低的红色的比例，最终让地面部分的色彩趋于正常。通过色彩平衡的调整，可以让整个画面色彩趋于正常。色彩平衡功能的色调更加复杂一些，具体还要结合调色后的中间调、高光或阴影来调整不同的区域，在调整中间调时的效果最为明显，也就是一般亮度区域。

图 2-18

图 2-19

互补色原理是后期软件调色非常重要的色彩原理，前文介绍了色彩平衡的调整，接下来再看另一种非常重要的调色——曲线调色。

如图 2-20 所示，创建一个曲线调整图层，在打开的"曲线"面板中，打开 RGB 下拉列表，在其中有红、绿、蓝这 3 种原色的曲线，调色时可以根据实际情况去调整。

图 2-20

　　如图 2-21 所示，如果照片偏绿，可以直接在绿色曲线上在单击以创建锚点，向下拖动它，就可以降低绿色的比例；如果照片偏黄，由于没有黄色曲线，就应该考虑使用黄色的补色——蓝色，只要选择蓝色曲线，提高蓝色的比例，就相当于降低了黄色的比例，这样就可以实现调色的目的。这是曲线调色的原理，实际上，它的本质也是互补色原理。色彩平衡的调整、曲线调色，甚至色阶调整等功能，都有简单调色的功能，调色的原理都是互补色原理。

图 2-21

14

互补色在 ACR 中的应用

互补色原理在 ACR 中也是适用的，但是它在 ACR 中的功能分布比较特殊，主要集中在色温调整以及校准的颜色调整。

如图 2-22 所示，依然是这张照片，在 ACR 中打开它，先切换到对比视图，再切换到"校准"面板。

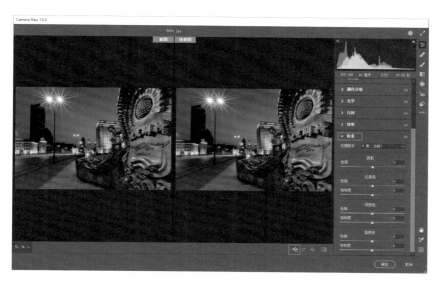

图 2-22

如图 2-23 所示，在"校准"面板中，根据照片的状态进行分析，天空有一些偏紫，就可以调整蓝原色，把蓝原色的"色相"滑块向左拖动。从该滑块上看，其右侧是有一些偏紫的，向左拖动之后，天空会向偏青的方向发展，经过调整之后，天空的蓝色变得更加准确，不再偏紫。地面部分有一些偏红，将红原色的"色相"滑块向右拖动，让它向偏黄的方向发展，地面也得到调整。这样，整个照片的色彩就实现了整体的矫正。

　　需要注意的是，这种"校准"面板中的原色调整，除了简单调色之外，还有一个非常大的作用——统一画面的色调。对天空中偏紫的蓝色进行调整，让其向偏青的方向发展。调整的不仅是蓝色，实际上所有冷色都会向偏青的方向发展，可以快速统一冷色，让它们更加相近。对于地面部分，让其向偏黄的方向发展，也可以让所有暖色更加统一，路灯、地面部分橙色、黄色的像素，都会向偏黄的方向发展。这种原色的调整可以快速让冷色和暖色分别向一个方向发展，从而达到快速统一画面色调的目的。所以，原色调整在当前的摄影后期中非常流行，很多的"网红"色调就是通过原色调整实现的。

　　如果想调整色温，只需要切换到"基本"面板，在"基本"面板中，有"色温"和"色调"两个滑块。"色温"滑块左侧为蓝色，右侧为黄色；"色调"滑块左侧为绿色，右侧为洋红。"色温"滑块和"色调"滑块左右两侧的颜色是互补色，其实调整色温是非常简单的。

图 2-23

15

相邻色的概念与特点

接下来介绍相邻色的概念与特点，以及它在后期软件中的应用。

相邻色与互补色不同，互补色是对比的色彩，其反差非常大；相邻色则是指在色轮图上两两相邻的色彩，比如说红色与橙色、红色与黄色、黄色与绿色、绿色与青色等，都互为相邻色。相邻色表现在照片中，会让照片显得非常协调和稳定，给人比较自然、踏实的感觉。

图 2-24 所示的这张照片，地面的灯光有黄色、橙色和红色，这些灯光的色彩混合在一起，给人非常协调的感觉。实际上照片中包含的并不只是一种色彩，而是由多种互为相邻色的色彩组成的，这是相邻色在照片中的一种表现。

图 2-24

16

相邻色在 Photoshop 中的应用

如图 2-25 所示，将这张照片在 Photoshop 中打开，要调整相邻色，可以新建一个色相 / 饱和度调整图层。在"色相"滑块中，色彩就是两两相邻的，要让黄色向红色的方向发展，让整个灯光部分的色彩更加相近，可以通过拖动"色相"滑块来实现。

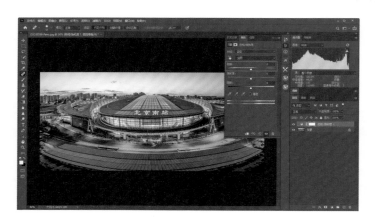

图 2-25

如图 2-26 所示，经过调整之后，整个灯光部分的色彩更加相近，只是其明暗依然有所差别。这是相邻色在 Photoshop 中的应用，这种色相的调整在 Photoshop 中是比较少的，但是它的基本原理是相邻色原理。

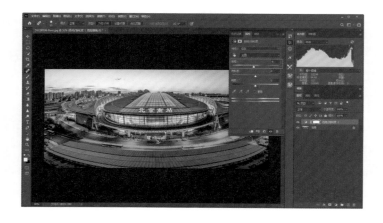

图 2-26

17
相邻色在 ACR 中的应用

ACR 是相邻色应用得十分广泛的软件，并且能够实现非常强大、完美的后期处理功能。

如图 2-27 所示，依然是这张照片，将其载入 ACR，打开"混色器"面板，调整 HSL，在下方的"色相"子面板中进行调整。针对原本有橙色、黄色的灯光部分，可以将黄色的滑块向左拖动，即由黄绿色向黄橙色调整。调整之后，整个灯光部分的色彩快速趋于相近，整体的色彩开始变得干净，而不像之前有黄色、橙色。针对原本显得稍微偏青的天空部分，可以将蓝色的滑块向右拖动，即由青色向蓝色调整，让天空的色彩显得更加准确一些。

在 ACR 中进行调色，混色器中的 HSL 调整是核心的部分，后文随着一些具体的调整还会介绍。这里需要单独说明一点，在 ACR 12.3 之前的版本中，"混色器"面板曾称为"HSL 调整"面板；在 12.4 及之后的版本中，"HSL 调整"面板已经改为了"混色器"面板，但功能基本是一样的。

图 2-27

18

参考色在相机中的应用

什么是参考色?

将同样的蓝色放在不同的色彩背景上,同样的蓝色给人的色彩感觉是完全不同的。如图 2-28 所示,在黄色背景、青色背景和在白色背景中,蓝色给人的色彩感觉是不一样的,你会感觉到不同的蓝色,哪一种蓝色给人的色彩感觉才是准确的呢? 其实非常简单,在白色背景中的蓝色,给人的色彩感觉是比较准确的;在黄色背景与青色背景中的蓝色,给人的色彩感觉是有偏差的。在这个案例中,蓝色所处的背景颜色就是参考色。以白色为参考色可以使色彩感觉较为准确。无论在前期的拍摄还是在后期的处理中,以白色、中性灰或者黑色为参考色来还原色彩,才能得到较为准确的效果。

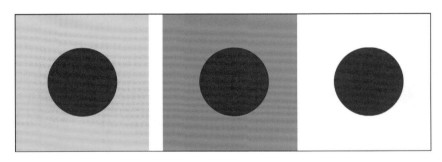

图 2-28

如图 2-29、图 2-30、图 2-31 所示,在相机中设定自定义白平衡,往往需要让用户拍摄白板或灰板,将其作为自定义白平衡的标准。这也是告诉相机,所拍摄的白板或灰板是真正的参考色,以此为标准才能够准确还原色彩。这里有一个前提,即设定自定义白平衡,告诉相机参考色时,一定要让拍摄的白板或灰板放置于拍摄的环境中,与所拍摄的主体处于一样的受光状态,这样才能够得到最佳效果。

图 2-29

图 2-30

图 2-31

19

参考色在 ACR 中的应用

　　如图 2-32 所示，在 ACR 中打开这张照片，在"基本"面板中，对曝光、对比度、高光等各种参数进行基本的调整。该调整在后文中会详细介绍，这里只是快速进行简单的调整，让照片各部分呈现出更多的影调层次和细节。

图 2-32

调整完成之后进行调色处理。调色时，非常简单的是白平衡调整。白平衡调整就是告诉照片什么是真正的白色或者没有颜色。因为白色在自然光中，就是一种没有颜色的表现。白色本质上与中性灰或黑色是完全相同的，只是白色的反射率非常高，中性灰的反射率比较低，而黑色几乎是没有反射率的。它们都表示一种综合的光线，是没有颜色的。

在后期软件中进行白平衡调整时，可以在"白平衡"右侧选择"白平衡吸管工具"，找到照片中应该为纯白、中性灰或者黑色的位置并单击。这个单击操作就相当于告诉软件：选择的位置是没有颜色的，软件就会以此为基准进行整个色彩的还原，如图 2-33 所示。照片有多个这样的位置，选择一个位置之后单击，直方图中很多的色彩趋于靠拢，大部分与呈现浅灰色的直方图靠拢，这表示了更为准确的色彩还原。

图 2-33

如图 2-34 所示，如果还原的效果不算特别准确，那是因为选择的位置的颜色可能有偏差。可以继续调整下方的"色温"滑块和"色调"滑块，让色彩还原更准确一些，这是白平衡调整的核心方法。

在风光摄影中，非常准确的色彩并不一定有极好的效果。所以在实际应用中，往往要根据现场的具体情况和画面的表现力来调整白平衡，让照片的色彩更有表现力。

如图 2-35 所示，这张照片就降低了色温值，画面整体的清冷色调与地面灯光的色调形成了冷暖对比，画面会有更好的效果。调色之后，再微调一些影调参数，这张照片的色彩就得到了很好的校正。这是参考色在后期软件中的应用，它主要用于进行色彩的校正。

图 2-34

图 2-35

20

参考色在 Photoshop 中的应用

在 Photoshop 中，参考色也应用于白平衡的调整。

如图 2-36 所示，依然是这张照片，创建一个曲线调整图层，在"曲线"面板左侧，选中中间的"白平衡吸管工具"，单击照片中的中性灰位置进行确定，这样就完成了白平衡的调整。

图 2-36

调整的效果如果不够理想，可以在"曲线"中选择不同颜色的曲线，进行简单的调色，让调色过程得到更好的效果，如图 2-37 所示。

图 2-37

2.3 黑、白、灰原理

黑、白、灰的应用相对来说比较复杂，主要分为两大类。一类是具体在使用影调调整功能时，白色对应的是最亮的区域，黑色对应的是最暗的区域，灰色对应的是中间调区域；另一类是，黑、白、灰对选择工具有指导作用。一般来说，白色代表"选择"，黑色代表"不选择"，灰色代表"部分选择"，这个部分选择比较特殊，其选择度不是 100%，但也有一定的值。

21

黑、白、灰与选择度

将这张夜景照片在 Photoshop 中打开，切换到"通道"面板，在"通道"面板中有 4 个通道，分别是 RGB 综合通道和红、绿、蓝这 3 个单元色通道，如图 2-38 所示。

在红色通道中，箭头所指的白色区域是红色成分含量比较高的一些像素区域，如图 2-38 所示。街道的车灯、建筑内的照明灯等，红色的比例都非常高，它就会以白色显示，比例越高，白色的程度越高，也就越白。

图 2-38

在蓝色通道中，天空本身严重偏蓝，整体亮度非常高，地面是红色的，亮度非常低，这里的白色对应的是蓝色。某些区域含有一定的蓝色，但是蓝色成分含量非常低，就会以灰色显示，如图 2-39 所示。

图 2-39

如图 2-40 所示，如果按住 Ctrl 键并单击红色通道，照片中就会出现高光选区，地面的纯白区域完全被选择出来，天空中一些比较亮的灰色区域也被选择出来，而画面中比较暗的灰色区域是不会被选择的。其中，白色对应的是"选择"，黑色对应的是"不选择"，灰色对应的是"部分选择"，可表示黑、白、灰在选区中的功能，可表示黑、白、灰与选择度的关系。

无论是借助通道与选区进行切换，还是借助"色彩范围"或其他选择工具进行选区的建立，这种黑、白、灰的原理是始终贯穿的，它指导我们对选区的选择和调整，后文会详细讲解。

下面来看黑、白、灰在蒙版中的应用，这种应用本质上与选择度有相关性。

如图 2-41 所示，创建一个曲线调整图层，大幅度压暗画面，照片整体的亮度非常低。在蒙版中进行渐变的调整，蒙版下方是黑色，上方是白色，中间是灰色。白色区域几乎保留降低亮度后完整的调整效果；黑色区域相当于把降低亮度的效果给删除了；灰色区域中的调整效果部分显示，没有 100% 显示。也就是进行了降低亮度的调整后，白色表示完全呈现出调整效果，黑色表示完全遮挡调整效果，灰色表示部分显示调整效果。从蒙版的角度来说，白色就表示完全显示当前附着图层的调整效果，黑色表示完全遮挡，灰色表示部分遮挡。关于黑、白、灰蒙版的应用，在后文中会详细介绍，这里只是为了验证一下黑、白、灰与选择度的基本原理。

图 2-40

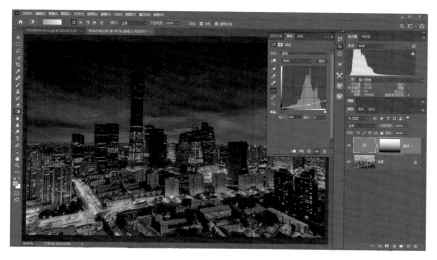

图 2-41

22

黑、白、灰场

　　黑、白、灰的原理在 Photoshop 软件中的最后一种应用是定义黑、白、灰场。

　　如图 2-42 所示，创建一个曲线调整图层，"曲线"面板左侧有 3 个吸管工具，前文已经介绍过中间的"白平衡吸管工具"，"白平衡吸管工具"上方还有一个"黑色吸管工具"，下方有一个"白色吸管工具"。"黑色吸管工具"用于告诉软件：所选的位置是纯黑的，即具有 0 级亮度。"白色吸管工具"用于告诉软件：所选的位置是纯白的，即具有 255 级亮度。如果选择的位置有误，那么照片的明暗调整就会出现问题。所以借助"白色吸管工具"定义白场时，一定要选择照片中最亮的部分；借助"黑色吸管工具"定义黑场时，一定要选择照片中最暗的部分。如果用"黑色吸管工具"选择照片中不够暗的位置，告诉软件这个位置亮度为 0 级，那么原照片中，比这个位置还要暗的区域，全都会变为"死黑一片"，会出现大片的暗部溢出。如果用"白色吸管工具"选择照片中不够亮的位置，那么原照片中，比这个位置还要亮的区域，全都会变为"死白一片"，会出现大片的亮部溢出。也就是说，对于黑场和白场的定义，如果使用这两个吸管工具，一定要谨慎。大多数情况下，需要放大照片进行观察。随着当前后期软件技术的不断进步，借助"黑色吸管工具"和"白色吸管工具"进行定义黑场和定义白场的应用越来越少，这里主要是为了介绍黑、白、灰的一些基本的原理。

图 2-42

第 3 章

Photoshop
摄影后期三大
基石

Chapter Three

本章将介绍摄影后期三大基石。所谓三大基石，主要是指图层、选区与蒙版这3种基本的功能。对照片进行后期处理时，可能无法单独实现某些影调或色彩的调整，但是任何其他功能的使用大多数都需要结合这3种基本的功能，才能实现较好的效果。并且这3种基本的功能会贯穿摄影后期的处理过程，所以将其称为摄影后期三大基石。

3.1 图层的作用与使用技巧

通常情况下，图层是摄影后期中的一种基本功能，它的使用也非常广泛。下面将介绍图层的概念、用途和使用方式。当然，这些内容可能不会特别全面，但基本上能够满足摄影后期的一些使用需求。

23
图层的概念与用途

如图 3-1 所示，在当前的软件界面中有一张照片，在软件界面的右下方，单击"图层"面板。在面板中有 4 个图层：最下方是背景图层，背景图层右侧有一把"锁"，表示这个图层处于锁定状态；上方有 3 个图层，图层的内容各不相同，有的是带有色彩的天空背景，有的是灰色的图像，有的是曲线，并且这 3 个图层都带有蒙版。图层的分布表示对背景图层通过上方的 3 个图层以及蒙版的调整实现了某种特定的效果。

图 3-1

具体是什么效果呢？如图3-2所示，可以"点掉"上方3个图层前的"小眼睛"，表示隐藏这3个图层，就可以看到原始照片。原始照片与之前显示的照片有很多不同，从变化情况来看，上方的3个图层实现了天空的替换以及人物部分的调色，包括前方的栏杆等的色彩都发生了变化。也就是说，通过上方的多个图层，实现了天空的替换以及色彩和影调的调整，这是图层的作用。

图 3-2

总结一下，多个图层可形成一张照片。单个图层可能是图像，以像素的形式分布，也可能是调整图层，在这个图层中对下方的图层进行调整，并没有实际的像素。此外，如果在图层上输入文字，那么该图层就是文字图层。

24
图层混合模式

如图3-3所示，依然是这张照片，单击选中上方的第1个图层，可看到混合模式为"正常"，这表示图层叠加的模式是正常的。

图 3-3

再选择第 2 个图层，如图 3-4 所示，原本为"正常"的混合模式已经变为了"正片叠底"，这表示此图层是以正片叠底的模式与其他图层叠加在一起的。

图 3-4

如果将第 2 个图层的混合模式改为"正常"，如图 3-5 所示，照片画面就会发生变化，变得灰蒙蒙的。也就是说，通过图层的混合模式的改变，可实现某些特殊的效果。图层混合模式就是指多个图层叠加在一起，以某种特定的模式进行混合。

图 3-5

　　一般来说，打开图层混合模式下拉列表，其中有 6 类（20 多种）不同的图层混合模式，如图 3-6 所示。第一类是正常类的图层混合模式；第二类是变暗类的图层混合模式，也就是叠加图层，并设定这一类中的某一种图层混合模式后，照片的效果会变暗；第三类是变亮类的图层混合模式；第四类是强化反差类的图层混合模式，设定这一类中的某一种图层混合模式后，照片的反差（对比度）会变大；第五类是比较类的图层混合模式，简单来说，它用于比较上下两个图层以实现像素亮度的相减或分类等不同的效果；第六类是色彩调整类的图层混合模式，通过设定不同的混合模式，可以实现画面色彩的改变。至于具体的图层通过哪一种规则和算法进行了混合，这非常复杂，可能需要一整本书的内容才能够讲解明白。这里只对它进行了粗略的讲解，在真正的应用中使用比较多的主要有正片叠底、变亮、滤色、叠加以及颜色、明度等混合模式。

图 3-6

25

盖印图层

背景图层通过上方的 3 个图层，实现了照片合成和整体调整的目标之后，接下来要对合成之后的效果再次进行调整。比如要进行画面的污点修复、整体绿化、降噪等处理，但是背景图层上方的多个图层都不能代表最终效果。只能将所有的图层叠加起来再进行调整，但这样保留下来的图层记录会消失。这个时候，可以借助盖印图层来实现想要的效果。所谓盖印图层，是指将下方所有的图层叠加起来，压缩为一个图层。再对此图层进行污点修复、局部调整等单个图层的处理，而不会导致之前保留的所有调整图层记录消失。因为之前进行了多个图层的调整，可能耗费了大量的时间，如果将其压缩起来，继续进行后续的处理，之前的调整就会丢失。盖印图层很好地解决了这个问题。

图 3-7

要建立盖印图层，只要在英文输入法状态下，按 Ctrl+Shift+Alt+E 组合键即可，如图 3-7 所示。

建立盖印图层之后，按 Ctrl+Shift+A 组合键，进入 Camera Raw 滤镜，如图 3-8 所示，可以对这个照片进行一些锐化、降噪等全方位的处理。盖印图层相当于一张单独的照片，便于我们进行后期处理。

图 3-8

26
复制图层

对盖印图层进行处理之后，按 Ctrl+J 组合键，复制一个图层出来，对新复制的图层进行一些其他的处理即可，如图 3-9 所示。

如果当前的图层中存在选区，按 Ctrl+J 组合键则只会复制选区之内的部分，而不会复制选区之外的部分，如图 3-10 所示。在建立选区之后，只复制选区之内的部分在对照片局部

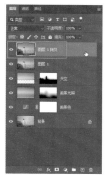 

图 3-9   图 3-10

进行一些变形的操作时非常有用。包括抠图，即只对选区之内的人物等部分进行复制，然后将人物部分提取出来等。这都是一些比较常见的操作。

如果要将带有选区的图层整体复制，而不只是复制选区之内的部分，可以选中带有选区的图层，将其向下拖动到"新建图层"按钮上，就可以复制一个带有选区的整体图层，其中既有选区之内的部分，也有选区之外的部分，如图 3-11 所示。

图 3-11

27

其他的图层操作技巧

　　选中某个图层向下或向上拖动，可以改变图层的混合顺序，如图 3-12 所示，最上方的图层显示的是当前最终的画面效果，或是通过特定混合模式叠加的效果。改变图层的混合顺序之后，画面也会发生变化。

　　照片处理完成之后，在保存照片之前，需要将图层拼合起来。如图 3-13 所示，拼合图层时，可以右击某个图层的空白处，在弹出的快捷菜单中选择"拼合图像"，将图层拼合起来；也可以选择"向下合并"或"合并可见图层"，顾名思义，它们会有不同的结果。

　　再看看栅格化图层。对于某个图层来说，如果它有一些特定的样式（比如在 ACR 中经过处理的照片，按住 Shift 键，单击打开对象，打开的将会是一个智能对象。在智能对象图层右下角会有一个"智能对象"的标记，这种"智能对象"是没有办法进行去污等操作的，因为它有一个图层折叠的样式），要转为正常的图层样式，就可以右击该图层，然后在弹出的快捷菜单中选择"栅格化图层"，就可以将智能对象等图层转换为普通样式，也就是像素图的形式，如图 3-14 所示。

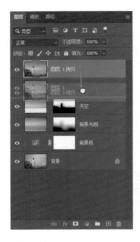

图 3-12

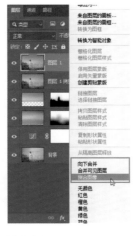

图 3-13

图 3-14

关于图层的其他操作，这里就不再过多介绍。在掌握它的原理之后，其他的一些操作只不过是一些具体的形式，后续可以边使用边学习。

3.2 选区工具与使用技巧

选区是摄影后期中使用非常广泛的功能。借助选区，我们可以完成对照片局部的调整甚至抠图等操作。选区的使用会涉及非常多的知识点，不仅包括如何使用不同选区工具建立不同样式的选区，还包括选区之间的叠加、相加、相减等运算方式。这些都是后期处理需要掌握的。

28

选区的建立与羽化

选区是指选择的区域，在后期软件中，以蚂蚁线来圈出选择的范围。所谓的蚂蚁线就是黑白相间的虚线。

如图 3-15 所示，首先在工具栏中选择"矩形选框工具"，直接在照片之内按住鼠标左键并拖动，松开鼠标建立一个选区，矩形选区之内的部分就是选择的区域。如果后续进行调整，调整的就是矩形选区之内的部分。

图 3-15

如图 3-16 所示，对矩形选区之内的部分降低亮度。但是这样会有一个明显的问题，降低亮度之后，我们会发现降低亮度的部分与周边未降低亮度的部分过渡得非常生硬，由暗直接变为了亮，没有柔和的过渡。这种情况更多出现在平面设计中，但对于摄影后期来说，这显然是不合理的。

图 3-16

在应用中，对于选区往往要进行羽化，具体操作是建立选区之后，在选区内右击，在弹出的快捷菜单中选择"羽化"命令，然后在打开的"羽化选区"对话框中，设定羽化半径（半径值设定得越大，羽化的效果会越明显，这里设定为 50），最后单击"确定"按钮，如图 3-17 所示。

图 3-17

在进行明暗的调整之后，降低亮度的区域与周边的过渡是渐变的，非常柔和，这比较符合摄影后期的思路。图 3-18 所示为羽化的效果，所谓的羽化就是让调整区域与未调整区域的过渡柔和、平滑。

图 3-18

29

快速选择与选区的布尔运算

通常来说，使用"矩形选框工具"或是"椭圆选框工具"的情况是非常少的，大部分情况下，更多使用"魔棒工具"或"快速选择工具"等，下面来介绍比较常用的"快速选择工具"的使用方法。

在图 3-19 所示的这张照片中，选择的是天空部分，首先在工具栏中选择"快速选择工具"，然后在天空上按住鼠标左键并拖动。软件非常智能，会将天空快速识别出来并建立选区。

图 3-19

建立选区之后，放大照片，可以发现，虽然软件功能非常强大，但选区仍有不够理想的一些地方，如图 3-20 所示。这是因为"快速选择工具"主要是根据景物之间不同的明暗来识别景物边缘线的，然后通过识别边缘线来建立选区。如果景物之间的明暗相差不大，边缘线不是太明显，识别的效果就不会特别理想。比如，当前山峰右侧是光线照射的部分，其亮度与天空云层的亮度非常相近，识别的效果就不是特别理想，选区将山峰部分也包含了进来。

对于包含进来的这一部分，可以通过选区的布尔运算来进行删减。通过特定的运算方式，将过多包含进来的山峰删除。

在工具栏中，选择"快速选择工具"，在上方的选项栏中，选择带"-"的画笔，这表示从选区减去指定区域，如图 3-21 所示。"添加到选区"或者"从选区减去"就是选区的布尔运算。设定为"从选区减去"之后，将鼠标指针放到过多包含进来的山峰上，按住鼠标左键并拖动，进行二次识别，就可以将过多包含进来的部分删除。

图 3-20

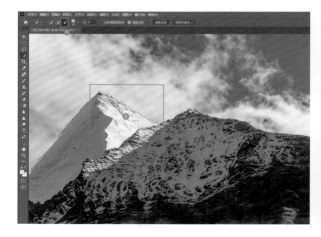

图 3-21

如图 3-22 所示，对于右侧不够精确的部分，也可以使用同样的方法删除。

图 3-22

在放大照片时，笔者比较习惯在 Photoshop 中设定转动鼠标滚轮来放大或缩小照片，这样会比较方便。将画面继续放大之后，如果要改变观察视角，可以按住键盘上的空格键，鼠标指针会变为抓手状态，可以抓动着照片进行选区边缘的观察，松开空格键之后，会再次变为当前使用的"快速选择工具"。

如图 3-23 所示，切换到照片左侧之后，发现左侧的天空漏掉了一部分，这时可以在上方选择"添加到选区"这种布尔运算方式。此时将鼠标指针移动到漏掉的非常小的区域之后，鼠标指针变成一个较大的圆圈，这样在添加漏掉的部分时就非常不方便。

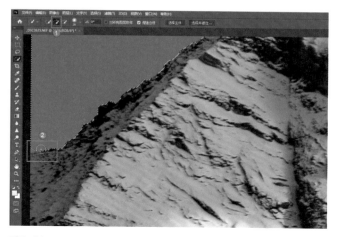

图 3-23

如图 3-24 所示，在英文输入法状态下按左方括号键，就可以缩小圆圈直径的大小，在漏掉的部分上拖动鼠标，就可以将漏掉的部分添加进来。最终经过不同的布尔运算方式，就能够将选区调整到一个非常准确的状态。

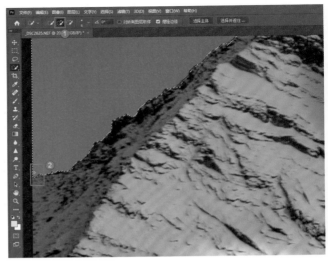

图 3-24

30

魔棒

"魔棒工具"与"快速选择工具"一样，是在摄影后期中使用非常广泛的选区工具，下面就来介绍"魔棒工具"使用方法。

如图 3-25 所示，要使用"魔棒工具"，在工具栏中，单击"快速选择工具"组，会打开工具列表，选择"魔棒工具"。

在使用"魔棒工具"时，要提前在上方的参数栏中设定容差。容差为 20 表示使用"魔棒工具"时，在照片中某个位置单击后，与单击位置的亮度差值小于 20 的所有像素都会被纳入选区，当容差超过 20 时，亮度

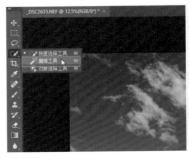

图 3-25

差值为 30、50 的像素就不会被纳入。所以，容差越大，一次单击纳入选区的像素会越多；容差越小，一次单击纳入选区的像素会越少。通常情况下，同一类像素的亮度更加相近，更容易被纳入选区。

　　如图 3-26 所示，选择云层部分，先设定一个相对比较常用的容差（30 或 20 均可，这里设定为 20），在云上单击，很多云都被纳入选区，但有一些相对偏暗的云就没有被纳入选区，所以说这个容差是有一些小的。

图 3-26

　　再次对容差进行设定，如图 3-27 所示。首先设定"添加到选区"这种布尔运算方式，设定 30 的容差，再取消勾选"连续"复选框。因为并不是所有的云都是连在一起的，部分云散落在天空各处，所以是不能勾选"连续"的，勾选"连续"就没有办法将更多的云更好地选择进来。但是取消勾选"连续"也会有一个问题，那就是照片中有一些与云层亮度相差不大的山体也可能会被纳入选区。比如白色的雪景部分，甚至是受光线照射的岩石部分。这没有关系，后续可通过"从选区减去"这种布尔运算方式将这部分减掉即可。设定好之后，在不同云的位置单击，为天空的云层建立选区。

　　如图 3-28 所示，选择"快速选择工具"，设定"从选区减去"这种布尔运算，在山体上拖动，将山体上过多包含进来的部分删除，这样就为天空的整个云层建立了完整的选区。

图 3-27

图 3-28

31

天空

下面再来看"天空",这是在 Photoshop 2021 中新添加的一个功能,它要与"一键换天"(也就是天空替换功能)结合起来使用。"天空"是从"替换天空"功能分离出来的选择工具。它的功能非常强大,非常好用。

具体使用时,先单击"选择"菜单,选择"天空",如图 3-29 所示。

图 3-29

这样照片中整个天空部分就会被识别并建立选区,如图 3-30 所示。通过观察会发现,与使用"快速选择工具"建立选区时的效果相差不大,受光线照射的山峰部分,被过多地包含进了天空选区,而一些天空的云层部分还被排除在选区之外,所以它的准确度还是有一些欠缺的,但整体来说它仍然比较快速、便捷。对于一些包含边缘不是很整齐的事物(比如树木、杂草等)的场景,对天空建立选区会比较方便。

图 3-30

32

"色彩范围"

色彩范围是摄影后期中非常重要的一个选区工具，它可以任意定义想选择的某一类亮度的像素，对其建立选区，进行后期的全方位调整。下面来看具体的使用方法。

单击"选择"菜单，选择"色彩范围"命令，打开"色彩范围"对话框，如图 3-31 所示。在对话框中有一个黑白状态的预览框，正如前文所介绍的，白色代表"选择"，黑色代表"不选择"，灰色代表"部分选择"。

图 3-31

在"色彩范围"对话框中，设定"选择"下拉列表为"取样颜色"，鼠标指针（吸管）移动到照片中想选择的像素上，单击将其选择出来，如图 3-32 所示。本案例选择的是岩石上干枯的植被，使用吸管在这些位置上直接单击，这些植被部分在预览框中变为白色，表示这些区域会被选择。

从预览框中可以看到，山体与植被中明暗和色彩相近的一些区域变为了灰色，也就是说山体也有部分被选择进来。但这不是想要的，因此就需要进行调整。

调整其实也非常简单，只要调整颜色容差就可以了。所谓颜色容差是指与取样部分明暗和色彩的相差幅度，相差幅度越大就越不会被选择进来，颜色

图 3-32

容差很大，就表示几乎整个照片范围都会被选择进来。通常情况下，如果要建立更准确的选区，颜色容差要设定得小一些，只允许相差幅度很小的区域被选择进来，所以，缩小颜色容差的值。

如图 3-33 所示，从预览框中可以看到，这些干枯的植被部分被选择，背景的山体部分不会被选择，也就是颜色容差要与取样颜色结合起来。确定好之后，直接单击"确定"按钮，这样就可以为想要选择部分建立选区。

这里单独说明，在"选择"下拉列表中，有更简单、直观的选择方式，但是其功能会比较单一，如图 3-34 所示。下拉列表中有红色、黄色、绿色、青色、蓝色、洋红这几个不同的色彩通道，选择之后可以直接"一步到位"地选择照片中的红色系、黄色系、绿色系等。因为选择不同的色系之后，颜色容差是不可调的，所以这些功能相对来说比较"鸡肋"。除了色彩通道之外，下拉列表中还有高光、中间调和阴影等选项，可以"一步到位"地为照片中的高光、中间调和阴影部分建立选区，这 3 个功能是可调的，因此这 3 个功能也会经常使用。

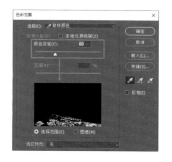

图 3-33

图 3-34

如图 3-35 所示，在"色彩范围"对话框下方，选区预览下拉列表中，可以选择不同的预览方式，默认是"无"，即正常的照片显示。如果选择"灰度"，整个照片就会以灰度的方式显示，即以更大的视图显示选择的区域，预览方式对于实际照片是没有影响的，只用于展示选择的区域。用更大的视图显示选择的区域，可以看到植被被很好地选择出来，但植被的周边区域呈现灰色，表示这些区域也在一定程度上被建立了选区，整体来看选区还是比较理想的。最后单击"确定"按钮，这样就可以生成选区。

图 3-35

33

50% 选择度与选区显示

如图 3-36 所示，从生成的选区中看到，选区是非常复杂的。虽然在之前的显示中，大片的植被被建立了选区，但是照片左侧会有一片非常浅的灰色区域，这个区域也应该建立选区，但是最终的选区并没有看到该区域蚂蚁线。这表示这个区域的选择度没有超过 50%，所以就不显示蚂蚁线。只有选择度超过 50% 的区域才会显示蚂蚁线，但是不显示蚂蚁线不代表这个区域完全没有被选择，只是被部分选择。

图 3-36

建立选区之后，创建一个曲线调整图层，大幅度提高亮度，也就是提高这部分植被的亮度，如图 3-37 所示。提高亮度之后，明显看到这些植被变亮了，但是左、右两侧之前没有显示蚂蚁线的区域也被提亮了。这就表示这些区域的选择度没有超过 50%，不显示蚂蚁线，但是这些区域也有一定的选择度，所以也会被提亮。

图 3-37

再次回到选区状态，如图 3-38 所示，可以看到第 1 个位置有蚂蚁线，第 2 个位置和第 3 个位置没有蚂蚁线，提亮之后，第 2 个位置和第 3 个位置都变亮了，这说明选择度的不同会导致选区显示的不同。

图 3-38

34

选区的存储与叠加

建立选区之后，就会面临选区的保存问题。因为有时候建立选区是非常复杂的，可能经过十几分钟的操作才建立了选区。如果临时有其他事情，不得不中断操作，就可以先将选区保存起来。如果不保存，一旦其他人误动计算机或是计算机出现问题，之前建立选区的工作就白白浪费了。这时可以将选区保存起来，回来之后打开并载入选区，再继续后续的处理。有非常多的方法来保存选区，可以直接为选区建立图层蒙版，但这不是特别方便，笔者比较习惯使用"通道"来存储选区。

如图 3-39 所示，首先建立选区，然后打开"通道"面板，单击"通道"面板下方的"创建通道蒙版"按钮，这样就可以为选区创建一个名为"Alpha 1"的通道，并将这个选区保存。接下来保存照片就可以了。照片要保存为"TIF"等格式，只有这样，再次打开它时才可以直接切换到"通道"面板。选择"Alpha 1"通道，按住 Ctrl 键，单击这个通道，就可以将其转化为选区，也可以直接单击"通道"面板下方的"载入选区"按钮。

图 3-39

所谓选区的叠加，并不是指选的布尔运算，而是指不同选区的相加。如图3-40所示，首先对前景的植被建立一个选区，保存为"Alpha 1"，再对天空的云层建立一个选区，保存为"Alpha 2"。因为选区是分别建立的，并且我们保存了两个选区，所以在重新打开照片之后，要将两个选区拼合起来。这在复杂的抠图后期应用中是经常使用的，对不同区域分别进行抠图，再将这些选区叠加，拼合出想要的区域。

图 3-40

具体使用时，先切换到"通道"面板，按住 Ctrl 键并单击某个通道，载入某个选区。如图 3-41 所示，这里先载入了云层选区，将地景中的植被选区也添加进去，这时按住 Ctrl+Shift 组合键，单击地景的通道。单击时，鼠标指针右下角会出现一个加号，表示两个选区要进行叠加。

如果要从整个选区中减去某个选区，就需要按住 Ctrl+Alt 组合键，此时鼠标指针右下角会出现一个减号，这样单击对应通道，就可以减去这个选区，如图 3-42 所示。

图 3-41

图 3-42

以上就是选区的存储与叠加。

3.3 蒙版工具与使用技巧

> 无论是图层还是选区，在摄影后期中的使用频率都远没有
> 蒙版的使用频率高。但是对于初学者来说，蒙版是一个比较抽
> 象的功能，可能也不太会使用它。下面就对蒙版进行详细介绍。

35

蒙版的概念与用途

如果读者理解了选区，包括 50% 选择度等一些重要的原理，学习蒙版时就可以做到得心应手，事半功倍。所谓蒙版就是指蒙在照片上的一层"板子"。初次建立蒙版时，其没有任何的作用，像没添加蒙版一样。但是如果改变蒙版不同区域的明暗（比如保持蒙版某些部分为白色，某些部分为黑色），画面就会产生较大的差别，从而实现照片的局部显示、局部调整、局部合成等较多的功能。下面展示蒙版的使用方法。

在 Photoshop 中打开一张照片，按 Ctrl+J 组合键，复制一个图层出来，如图 3-43 所示。观察这张照片，会发现这个走廊的廊顶部分亮度非常低，比较黑。想要保持走廊之外以及受光线照射部分的亮度不变，只是把最黑部分的亮度提亮，可以使用选区工具将最黑的部分选择出来并进行提亮，但是这样操作的实现过程还是借助蒙版来实现的。

如图 3-44 所示，对上方新复制的图层直接进行整体提亮，这时走廊的廊顶部分被提亮了，但是走廊之外的海面和天空部分已经严重过曝了，这没有关系，因为后续会进行调整。

图 3-43

图 3-44

如图 3-45 所示，为上方的图层建立了一个蒙版，就实现了一种合成的效果，廊顶部分的亮度得到提高，走廊之外部分的亮度没有变化。具体怎么实现的呢？就是通过蒙版的黑白变化来实现的。在图层蒙版中，廊顶部分是白色的，走廊之外的海面部分是黑色的。如果仔细分析一下就会明白，蒙版的白色部分会透出当前图层，因为当前图层是被整体提亮的，所以蒙版的白色部分会露出提亮的廊顶部分，而蒙版的黑色部分会起到遮挡的作用，把上方图层提亮的海面部分遮挡起来。蒙版的原理就是白色表示显示、黑色表示遮挡，它不是显示和遮挡整张照片，而是显示和遮

挡附着的图层。它的作用要结合选区来实现，只有通过选区将想要调整的部分选择
出来，才能进行精确的调整。

图 3-45

36
蒙版与选区

　　右击蒙版，在弹出的快捷菜单中选择"删除图层蒙版"，
先将蒙版删除，如图 3-46 所示。

　　此时画面又回到了上方图层刚提亮的状态，如图 3-47
所示。打开"色彩范围"对话框，在其中选择"阴影"，适
当调整，确保选择的只是走廊的廊顶以及比较黑的部分。从
预览框中可以看到，廊顶部分是白色的，表示这部分被选择；
左侧走廊之外的海面部分是黑色的，表示这部分是不被选择
的。选择的准确度也可以通过调整"颜色容差"和"范围"
来实现，从而获得更好的调整效果，最后单击"确定"按钮，
这样就完成了较黑部分的选择。

图 3-46

　　建立选区之后，单击图层面板下方的"创建图层蒙版"按钮，就为选区内的部分建立了蒙版，如图 3-48 所示。将选区转换为蒙版后，选择的部分呈现白色，不选择的部分呈现黑色，这是选区与蒙版对应的状态。这样直接从相应的选区过渡到蒙版，可以对上方图层较黑的部分进行提亮。但是调整与未调整部分的过渡可能不够自然，特别是左侧的立柱部分。

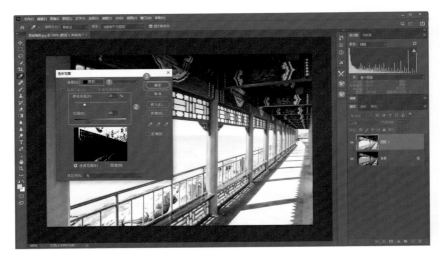

图 3-47

图 3-48

　　双击图层蒙版，打开蒙版的"属性"面板，稍微提高羽化值，如图 3-49 所示。再次观察就会发现，调整与未调整部分的过渡变得柔和、自然。

图 3-49

　　再来看蒙版与选区是否有一一对应的关系。按住 Ctrl 键，直接单击蒙版，就
可以直接将蒙版转换回选区；也可以直接右击蒙版，在弹出的快捷菜单中，选择"添
加蒙版到选区"，这与直接按住 Ctrl 键再单击蒙版实现的效果是完全一样的。可
以看到，选区也符合白色表示选择、黑色表示不选择的基本原理，如图 3-50 所示。
实际上，蒙版与选区非常相似，蒙版的使用会更加直观，并且可以借助画笔、"渐
变工具"等随时进行调整和改变。关于如何改变蒙版、改变选区，后文会进行详细
介绍。

图 3-50

37

图层蒙版

　　为图层创建一个蒙版，即图层蒙版。打开一张照片，复制一个图层，将上方图层的亮度降低，如图 3-51 所示。从"图层"面板中的背景图层可以看到，左侧这一片秋叶的亮度非常高，有些碍眼，因此要对其进行压暗，可以通过图层蒙版来实现。

　　先复制一个图层，将上方图层的亮度调低，此时调低的是全图的亮度。如果只想压暗左侧亮度比较高的秋叶，可以在全图压暗之后，为上方图层创建一个白色蒙版，它会将压暗的效果全部显示出来。按 Ctrl+I 组合键，对这个蒙版进行反相，即将白蒙版转为黑蒙版，上方压暗的图层就会完全被遮挡起来。这时就可以只将想要调整的秋叶部分变亮，即将对应的蒙版变白，变白处就显示出压暗效果。在一张照片上介绍相关操作有一定的难度，读者可以根据介绍和提供的素材进行操作来验证。

图 3-51

38
调整图层

依然是这张照片，前面通过复制图层、创建图层蒙版进行局部调整，得到了想要的效果。现在通过另外一种方式，看能否实现这效果？所谓的另外一种方式就是调整图层。

在图3-52所示的这张照片中，想要压暗的是左下角的这一片秋叶，不要复制图层，而是单击"图层"面板底部的"创建新的填充或调整图层"按钮，在打开的菜单中选择"曲线"；也可以在 Photoshop 主界面右侧中间的"调整"面板中直接单击"创建新的曲线调整图层"按钮，创建一个曲线调整图层，并打开"曲线"面板。

图 3-52

在"曲线"面板中向下拖动曲线，如图3-53所示。从"曲线"面板中可以看到，左下角的秋叶部分的亮度会被降低，因为白色显示的只是左下角的秋叶部分。

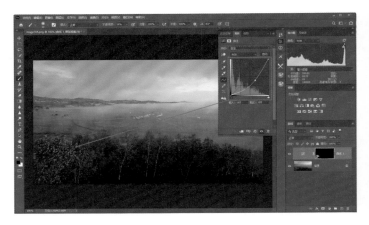

图 3-53

39

驾驭蒙版：画笔

下面来介绍如何对选区进行调整，主要的操作是通过"画笔工具"和"渐变工具"来实现。

依然是这张照片，如图 3-54 所示，在 Photoshop 中打开之后，首先创建一个曲线调整图层，向下拖动曲线，直接对画面进行压暗。

图 3-54

　　此时曲线调整图层上的蒙版为白色，按 Ctrl+I 组合键进行反相，将白蒙版变为黑蒙版之后，会将上方调整图层的调整效果遮挡起来，露出原始背景图，如图 3-55 所示。

　　现在想要让左下角的秋叶部分呈现出调整效果，就可以让秋叶部分对应的黑蒙版区域变白，具体变白时，可以使用"画笔工具"来实现。首先单击选中蒙版，然后在工具栏中选择"画笔工具"，因为要让这个区域在蒙版中变白，所以需要设定前景色为白色。接下来，缩小画笔直径，使用柔性画笔，适当降低不透明度，用画笔在照片中想要压暗的位置上进行涂抹，就会呈现出调整效果，如图 3-56 所示。如果从蒙版当中进行分析，就会非常直观地看到黑色遮挡了调整效果，涂抹之后将相应区域变白，就呈现出了调整效果。这就是通过画笔来实现选择区域改变、局部调整的方法。

　　涂抹之后可以发现，涂抹的区域与周边未涂抹的区域结合得有些生硬，这时双击蒙版，在打开的蒙版"属性"面板中提高羽化值，就可以让涂抹区域和未涂抹区域的过渡柔和起来，如图 3-57 所示。

图 3-55

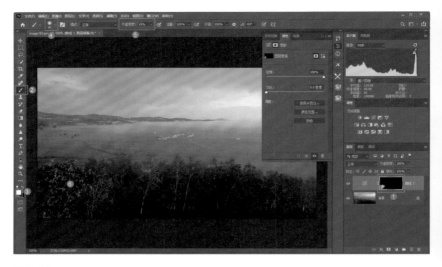

图 3-56

图 3-57

至此，就会明白有关蒙版使用的基本知识。

40

驾驭蒙版：渐变微调

通过"画笔工具"对蒙版进行涂抹，可以改变它的黑白状态，从而显示不同的调整效果。除了"画笔工具"之外，还可以使用"渐变工具"来实现局部的调整。

如图 3-58 所示，依然是这张照片，在 Photoshop 中打开之后，新建一个曲线调整图层，向下拖动曲线，对画面整体进行压暗处理。此时曲线调整图层的蒙版为白色，需要将白蒙版变为黑蒙版。将白蒙版变黑时，可以按 Ctrl+I 组合键进行反相；也可以单击选中蒙版之后，将前景色设为黑色，按 Alt+Delete 组合键，将整个蒙版变为纯黑或纯白。本案例更适合用 Alt+Delete 组合健，因为之前的蒙版左下角已经涂白了，这个时候如果进行反相，左下角会被涂黑，其他区域变白，蒙版仍然不是纯色的。在前景色设为黑色之后，按 Alt+Delete 组合键，则可以将整个蒙版填充上黑色，也就是会将左下角的白色部分填充为黑色，将蒙版变为纯黑的蒙版。

图 3-58

单击选中黑蒙版，然后在工具栏中选择"渐变工具"，将前景色设为白色，背景色设为黑色，然后选择"圆形渐变"，如图 3-59 所示。因为是黑蒙版，所以前景色需要设为白色。打开界面上方的渐变样式下拉列表，在下拉列表中选择"基础"，选择从黑到透明的渐变。如果是从黑到白或是其他颜色之间的渐变，则只能进行一次渐变，且这样的渐变是没有办法叠加的，只有从黑到透明的渐变才可以叠加。

图 3-59

如图 3-60 所示，在照片中想要压暗的位置上拖动来实现渐变，将这部分还原为白色，显示出压暗效果，实现调整目的。"渐变工具"和"画笔工具"都是可以对蒙版进行明暗调整的非常重要的工具。对蒙版进行调整等价于对选区进行调整，非常方便，它比对选区的直接调整要方便和准确得多。

图 3-60

第 4 章

风光摄影后期
四大要点

风光摄影对于后期处理的要求是
非常高的，它涉及二次构图、影调调
整、色调调整、画质优化这4个方面。
本章将从这4个方面对风光摄影后期进
行全方位的讲解。

Chapter Four

4.1 二次构图

41

裁掉干扰元素让主体突出、画面干净

　　如果照片中，特别是画面四周有一些干扰物，比如说明显的机械暗角、一些干扰的树枝、岩石等，它们会分散观者的注意力，影响主体的表现力，这时可以使用非常简单的"裁剪工具"将这些干扰元素裁掉，实现让主体突出、画面干净的目的。

　　如图 4-1 所示，打开原始照片，可以看到照片的四周有一些比较"硬"的暗角。如果通过镜头校正等方案进行处理，暗角的消除可能不是特别自然，这时可以借助于"裁剪工具"，将这些干扰元素消除。

　　如图 4-2 所示，在 Photoshop 中打开原始照片，可以看到左上和右上的暗角以及下方的干扰物。选择"裁剪工具"，在上方的选项栏中设定原始比例，直接在照片中拖动鼠标就可以确定要保留的区域。确定好之后，在上方选项栏的右侧单击"提交当前裁剪操作"按钮，即可完成裁剪；也可以把鼠标指针移动到保留区域内，双击即可完成操作。

图 4-1

图 4-2

42

裁掉无效区域让构图更紧凑

有时候拍摄的照片四周可能会显得比较空旷，除主体之外的区域过大，这样会导致画面显得不够紧凑、有些松散，这时同样需要借助"裁剪工具"来裁掉四周的不紧凑区域，让画面显得更紧凑、主体更突出。

如图 4-3 所示，在 Photoshop 中打开原始照片，可以看到要表现的主体是长城，四周过于空旷的山体分散了观者的注意力，让主体显得不够突出。可以在工具栏中选择"裁剪工具"，设定原始比例，按住鼠标左键并在照片中拖动，裁掉四周空旷的山体区域，然后将鼠标指针移动到保留区域内，双击即可完成裁剪。

图 4-3

完成裁剪之后，如果感觉裁剪的位置不够合理，还可以把鼠标指针移动到裁剪边线上，拖动边线，改变裁剪区域的大小，如图 4-4 所示。

也可以把鼠标指针移动到裁剪区域的中间位置，鼠标指针变为移动状态时，拖动鼠标可以移动裁剪框的位置，如图 4-5 所示。

图 4-4

图 4-5

43

裁剪画中画，打造多幅作品

有些场景中可能不止一个拍摄对象具有很好的表现力，如果有大量的拍摄对象都具有很好的表现力，这时可以进行画中画式的二次构图。所谓画中画式的二次构图是指通过裁剪只保留照片的某一部分，让这些部分单独成图。

在图 4-6 所示的这张照片中，场景比较复杂，所有建筑一字排开。仔细观察可以发现，某些局部区域可以单独成图，下面来尝试进行画中画式的二次构图。

图 4-6

在 Photoshop 中打开原始照片，在工具栏中选择"裁剪工具"，在选项栏中单击"比例"下拉列表，可以看到不同的裁剪比例，有 1：1、2：3、16：9 等，也可以直接选择"原始比例"，保持原有照片的比例不变，如图 4-7 所示。

如果选择"比例"而不选择"原始比例"或特定的比例值，就可以任意设定长宽比。如果设定 2：3 的比例，此时画幅是横幅，如果想要改变为 2：3 的竖幅，可以单击"交换"按钮，这样可以将横幅变为竖幅或是将竖幅变为横幅。如果想要清除特定的比例，单击右侧的"清除"按钮即可。

这里设定 2：3 的长宽比，如图 4-8 所示。2：3 是当前主流相机的照片长宽比，这种比例在大多数情况下是与原始比例重合的，读者直接拖动鼠标进行裁剪即可。

图 4-7

图 4-8

　　这里想裁剪出横幅，单击 2:3 比例旁的"交换"按钮可以将竖幅变为横幅，再移动裁剪区域到想要的位置，即可完成二次构图的裁剪，如图 4-9 所示。

图 4-9

44

封闭变开放，增强画面冲击力

所谓封闭式构图是指将拍摄的主体对象拍摄完整，这种比较完整的构图会给人完整、协调的心理感受，让观者知道我们拍摄的是完整的景物。但是这种构图也有劣势——画面有时候会显得比较平淡，缺乏冲击力。面对这种情况，可以考虑将封闭式构图通过裁剪保留局部，变为开放式构图，只表现照片的局部，这种"封闭变开放"的二次构图会让得到的照片画面变得更有冲击力，给人更广泛的、"话外有话"的联想。在花卉题材摄影中，这种二次构图方式比较常见。

在图 4-10 和图 4-11 所示的这两张照片中，裁剪之后的照片重点表现的是花蕊部分，而原始照片重点表现的是整个花朵。裁剪之后的开放式构图会让人联想到花蕊之外的花朵区域，画面冲击力更强。

图 4-10

图 4-11

45

扩充构图范围，让构图更合理

扩充构图范围这种二次构图方式相对来说比较有难度，也比较考验摄影师的审美。

在 Photoshop 中打开原始照片可以看到，画面的视觉中心是一棵枯木，但是枯树四周（特别是上方和下方）留的空间太小，空间过小会导致给人的视觉感受比较紧张，画面显得有一些拥挤，如图 4-12 所示。因为照片已经拍摄完成，四周是没有像素的，所以要扩充构图范围就会比较有难度。

图 4-12

选择"裁剪工具",设定2：3的长宽比,将鼠标指针移动到裁剪边线上,将其向四周拖动,注意在拖动之前要在选项栏中取消勾选"内容识别"复选框,如图4-13所示。避免四周空白部分被填充。拖动后照片四周就出现了图4-13所示的空白部分。

图 4-13

选择"矩形选框工具",先在照片右侧画出选区,如图4-14所示,注意画出选区时,选区左侧要避开枯树部分。

图 4-14

按 Ctrl+T 组合键，对选区进行自由变换，将鼠标指针移动到右侧边线上，按住 Shift 键并向右拖动鼠标，将右侧的空白部分填充起来，如图 4-15 所示。注意一定要先按住 Shift 键再向右拖动鼠标（在 Photoshop CC 2018 之前的版本中，则不需要按住 Shift 键，但是使用 Photoshop CC 2019、Photoshop CC 2020 等版本时，则需要按住 Shift 键）。

图 4-15

如图 4-16 所示，枯树上方空白的天空比较少。如果采用与上一步骤同样的方法，正常的像素会被拉伸得比较大，出现严重的失真问题。因此，选择"矩形选框工具"，选择上方空白部分以及小部分的像素，建立选区，单击"编辑"菜单，选择"填充"命令。

图 4-16

打开"填充"对话框,在"内容"中选择"内容识别",单击"确定"按钮,如图 4-17 所示。

这样就可以将上方的天空空白部分填充起来,如图 4-18 所示。对于照片左侧的空白部分可以采用与右侧空白部分相同的处理方法,下方则采用与天空空白部分相同的处理方法,最终得到较好的二次构图效果。如图 4-18 所示,此时虽然只填充了左侧、上方和右侧 3 个空白部分,但是画面的构图效果明显变好了。

图 4-17

图 4-18

46
校正水平线,让构图规整

二次构图中关于照片水平的调整是非常简单的,下面通过一个具体的案例来了解。

如图 4-19 所示,这张照片虽然整体上还算协调,但如果仔细观察,会发现远处的水平面是有一定倾斜的。

图 4-19

选择"裁剪工具"后，在上方选项栏中选择"拉直"工具，沿着远处的天际线向右拖动鼠标，注意一定要沿着水平线拖动，拖出一段距离之后松开鼠标，此时裁剪框会包含一部分照片之外的像素区域，如图 4-20 所示。

图 4-20

在上方选项栏中勾选"内容识别"，这样四周包含进来的空白像素区域会被填充起来，然后单击选项栏右侧的"√"按钮，如图 4-21 所示。

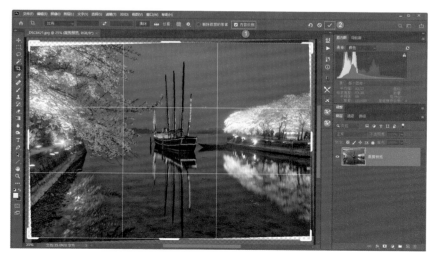

图 4-21

　　经过等待之后，四周会被填充，按 Ctrl+D 组合键取消选区，就完成了这张照片的校正，如图 4-22 所示。

图 4-22

47

校正竖直线，让构图规整

　　水平线的校正整体来说比较简单，但如果因为拍摄机位过高或过低，导致照片的重点景物出现了水平方向或和竖直方向的倾斜，就没有办法采用上述方式进行校正。下面我们介绍一种非常高级的竖直线校正方法，让构图变得更加规整。

　　将拍摄的原始照片拖入 Photoshop，它会在 ACR 中自动打开，如图 4-23 所示。可以看到四周的建筑因为透视出现了竖直方向的倾斜，需要进行校正。

　　在校正之前先切换到基本面板，对照片的影调层次进行调整，包括提高曝光值、降低高光值、提亮阴影值等，让照片的影调层次变得更加理想，如图 4-24 所示。

图 4-23

图 4-24

如图 4-25 所示，切换到"几何"面板，单击第 6 个按钮——"水平和竖直校正"，这种校正方式借助于参考线，通过寻找照片中应该水平或竖直的线来对照片完成校正。单击"水平和竖直校正"按钮之后，找到照片中应该为竖直的线，比如右侧的建筑本身应该是竖直的，但现在出现了倾斜。将鼠标指针放到建筑的线上并在上端单击（出现一个锚点）按住鼠标左键，将鼠标指针移动到建筑的下端（这条竖直线在建筑上的端点），定位在大致对等的位置之后松开鼠标。

如图 4-26 所示，用相同的方法在左侧本应该竖直的建筑的线上进行描线。通过这样两条线，就将画面中几乎所有建筑的竖直线都校正完成，画面整体显得非常规整，效果也比较理想。利用这种方法还可以校正画面的水平线。

图 4-25

图 4-26

48

通过变形或液化调整局部元素，强化主体

下面介绍通过变形或液化调整局部元素来强化主体，或改变画面构图的二次构图技巧。

如图 4-27 所示，这张照片显示的是意大利多洛米蒂山区三峰山的霞光场景，画面整体给人的感觉还是不错的，但是山峰的气势有些不足，可以通过一些特定的方式来强化山峰。在调整之前，首先按 Ctrl+J 组合键复制一个图层出来，在工具栏中选择"快速选择工具"，在照片的地景上拖动鼠标，可以快速地为整个地景建立选区。

图 4-27

保存照片之前需要拼合图层，最终成片如图 4-30 所示。

图 4-30

49

通过变形完美处理机械暗角，让画面更完美

前文已经介绍过，如果照片中出现了非常"硬"的机械暗角，可以通过裁剪的方式将这些机械暗角裁掉。但如果画面的构图本身比较合适，裁掉周围的机械暗角，会导致画面的构图过"紧"，就不能采用简单的裁剪方法，下面介绍通过变形来完美处理机械暗角的技巧。

如图 4-31 所示，在 Photoshop 中打开要处理的照片，不难发现四周的暗角是非常明显的。

图 4-31

按 Ctrl+J 组合键复制一个图层，选择上方新复制的图层，单击"编辑"菜单，选择"变换"→"变形"命令，如图 4-32 所示。

图 4-32

分别将鼠标指针移动到照片的 4 个角上，并向外拖动，这样可以将暗角部分拖出显示画面之外。如果照片中间主体部分没有较大的变形，就可以直接先按 Enter 键，再按 Ctrl+D 组合键取消选区，完成照片的处理，如图 4-33 所示。

如果中间的主体部分也发生了较大的变形，会影响表现力。可以为上方创建的图层，创建一个黑蒙版，再用白色画笔将四周进行的变换擦拭出来即可。这是相对比较复杂的应用，不明白的读者可以学习关于蒙版的技巧。如果借助黑蒙版进行调整，就能够体现提前复制图层所起到的作用。

图 4-33

50

通过变形和拉伸改变主体位置

　　下面的案例同样是通过变形和拉伸等操作来进行二次构图的。本案例中，主要借助变形来调整主体或者视觉中心在画面中的位置，从而实现二次构图的目的。

　　图 4-34 所示的这张原始照片中，视觉中心的最高建筑稍微有些偏左，视觉感受比较别扭。选择"裁剪工具"，将鼠标指针放在左侧的裁剪边线上，按 Shift 键后再按住鼠标左键并向左拉动鼠标，为画面的左侧添加空白部分。按照前文介绍的方法，在最高建筑左侧建立矩形选区，进行自由变换，将左侧空白部分填充起来，如图 4-34 所示。

图 4-34

　　如图 4-35 所示，也可以对右侧的区域进行变形和拉伸，通过多次调整，确保让最高建筑正好处于画面的中心位置。

图 4-35

　　再次选择"裁剪工具"，裁掉四周一些多余的区域，完成调整，如图 4-36 所示。这个案例的应用非常广泛，变形和拉伸等操作对调整主体位置来说是非常有效的。

图 4-36

51
用移动工具改变主体位置

　　如果要改变主体的位置，除前文介绍的通过变形和拉伸的方法之外，还有一种比较特殊的方法，它主要用于改变照片中比较小型的主体的位置。

　　在图 4-37 所示的这张照片中，3 只游船的位置分布其实并不算特别好，特别是左侧的游船的位置不太好，如果它能够向左下方再稍微挪动一点，让 3 只游船形成更加规整的三角形，效果会更好一些。接下来就通过使用"内容感知移动工具"来改变这艘游船的位置。在工具栏中选择"内容感知移动工具"，如图 4-37 所示。需要注意的是，如果工具栏中找不到这个工具，则需要在工具栏底部单击"自定义工具栏"，再将这个工具添加进工具栏。

图 4-37

选择"内容感知移动工具"之后，将鼠标指针移动到照片中，拖动鼠标并划线，将要移动的对象圈选出来，如图 4-38 所示。

图 4-38

将鼠标指针移动到要移动的游船上，向左下方拖动鼠标，如图 4-39 所示。

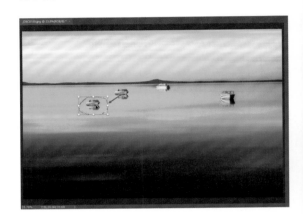

图 4-39

移动到目标位置之后，松开鼠标，就完成了游船位置的改变，如图 4-40 所示。

图 4-40

如图 4-41 所示，按 Ctrl+D 组合键取消选区，会发现改变位置之后，游船周边一片区域的像素与原有像素的结合并不是特别好。

图 4-41

针对这种情况，要提前按 Ctrl+J 组合键复制一个图层，为上方移动位置的图层创建一个黑蒙版，将移动位置的图层隐藏起来，如图 4-42 所示。选择"白色画笔工具"，在游船位置进行擦拭，将游船擦拭出来，擦拭之后的游船与周边区域的结合变得自然起来。

图 4-42

最后拼合图层，保存照片即可。

52

用修复工具消除照片中的杂物

有时候照片中有一些杂物，会影响照片的表现力。像一些拍摄场景中的矿泉水瓶、白色的塑料、杂乱的岩石、枯木等，都有可能影响主体的表现力。

如图 4-43 所示，两个天文望远镜中间有一个白色的塑料袋，它的亮度比较高，导致草原部分显得不是太干净，可以将其消除。这种简单对象的消除是非常简单的。

图 4-43

在工具栏中选择"污点修复画笔工具"，在上方的选项栏中调整画笔直径的大小，类型设定为"内容识别"，将鼠标指针移动到塑料袋上，拖动鼠标进行涂抹，直到将塑料袋完全涂抹，如图 4-44 所示。

松开鼠标即可将这个塑料袋很好地消除，如图 4-45 所示。

图 4-44

图 4-45

53

用仿制图章工具消除照片中的杂物

消除照片中杂物的方法有很多，下面再来介绍另外一种方法，也就是仿制图章工具的使用方法。

如图 4-46 所示，依然是前文介绍过的一张照片，其中右侧有一块深色的区域，它导致整个海滩显得不是特别干净。

图 4-46

在工具栏中选择"仿制图章工具"，调整画笔直径的大小，将不透明度设定为 100%。在这块修复区域之外的正常区域，按住 Alt 键并单击，表示对正常区域进行取样，后期修复时，软件就会根据取样位置，也就是正常位置来填充想要修复的位置，如图 4-47 所示。

取样之后，将鼠标指针移动到要修复的区域上，单击并拖动鼠标，圆圈内是要修复的区域，而十字位置是取样位置，如图 4-48 所示。随着鼠标的拖动，取样位置也会发生变化，但宗旨是取样位置的内容要与修复区域的内容非常相近，这样结合起来时，画面效果显得比较自然。

图 4-47

图 4-48

　　修复之后，可能有一些纹理区域的效果不是特别理想，如图 4-49 所示，再次在工具栏中选择"污点修复画笔工具"，对不自然的纹理区域进行涂抹，让整体效果变得更加理想。

图 4-49

4.2 影调调整

54

曝光调整确定整体影调

前文已经介绍过，对于一张照片来说，它有自己的影调，比如有高调、低调、中间调、长调、短调等。但实际上，对于绝大部分照片来说，它们都有一些相对比较标准的中间调，也就是长调照片。

例如图 4-50 所示的这张照片，其中虽然有一定的云雾，但亮度并不算特别高，整体的亮度相对来说还是比较合理的。因此，我们要通过调整曝光值，让照片整体的直方图大致位于整个直方图框的中间位置。

图 4-50

　　首先我们将拍摄的原始照片拖入 Photoshop，如图 4-51 所示。观察直方图之后，发现它有些偏左，因此需要对其进行适当的调整。调整之前，先进行镜头校正。在新版本的 ACR 中，镜头校正功能已经挪到了"光学"面板中。因此切换到"光学"面板，然后勾选"删除色差"与"使用配置文件校正"这两个复选框，删除照片中的色差以及几何畸变，完成初步的校正。

图 4-51

接下来回到基本面板，适当提高曝光值，如图 4-52 所示，确保直方图大致位于直方图框的中间位置。这种调整虽然是通过比较科学的直方图来实现的，但整体上还是需要根据用户的判断来确定，此时直方图的中心几乎正好位于直方图框的中心位置。

图 4-52

55
确定黑、白场，确定亮度范围

调整过曝光值之后，接着对照片的黑场和白场进行确定。白场是指照片中最亮的部分。对于大多数照片来说，照片中最亮的部分，应该是有很少像素的，并且其亮度接近纯白，像素不能太多。如果像素很多，这些像素就会聚集，产生大片的高光溢出。对于黑场来说同样如此。黑场对应的是照片中最暗的部分，其比较理想的亮度是接近于纯黑的 0 级亮度，但是这种像素又不能太多。具体调整时，白、黑场在 ACR 中是通过白色与黑色来确定的，白色对应白场，黑色对应黑场。

首先，向右拖动"白色"滑块，如图 4-53 所示，一直拖动到直方图右上角的三角警告标记变白，这表示有大量像素出现了高光溢出的问题，也就是有大量像素变为了纯白。单击白色的三角警告标记，照片中左上方最亮的部分出现了大片的高光溢出标记，变为了红色。再稍微向左拖动"白色"滑块，确保直方图右上角的三角警告标记不会变白，这样就确定好了白场。

图 4-53

再用同样的方法进行黑场的确定。如图 4-54 所示，向左拖动"黑色"滑块之后，让左上角的三角警告标记变白，再将"黑色"滑块稍微向右回退，确保三角警告标记不会变白，这样就确定好了黑场。

通过白场与黑场的确定，让照片亮的地方足够亮，暗的地方也足够暗，照片整体变得更通透，最终效果如图 4-55 所示。

图 4-54

图 4-55

56
调阴影、高光，追回层次细节

    确定黑场与白场之后，虽然从计算机或显示器上的照片中不再有高光或暗部溢出，但如果人眼直接观察，会发现已经无法分辨出亮部没有很好的层次感，暗部也是如此。这时就需要借助"高光"与"阴影"这两个滑块来恢复亮部和暗部的层次。

    如图 4-56 所示，首先向左拖动"高光"滑块，这样可以让亮部恢复出足够多的层次细节；接着向右拖动"阴影"滑块，可以让暗部恢复出影调层次和细节。这是阴影与高光的使用方法，但是要注意，不能为了追回细节而将其数值设置得过于不合理，否则会破坏画面原有的影调，尤其对于阴影部分。

图 4-56

57

调对比度，改变画面反差与影调层次

接下来，我们再观察直方图与照片画面。如图4-57所示，照片画面整体亮部与暗部的反差还是比较大的，从直方图来看，其右侧有大量的像素堆积，其左侧也有比较多的像素，但是中间部分缺乏像素，这表示照片的反差过大。因此，我们要稍微降低对比度的值，让照片从亮到暗的影调层次过渡变得更加平滑、自然。通过调整对比度之后，可以看到反差变小。

图 4-57

经过上述参数的调整，我们就对照片整体的影调，进行了初步的调整。

58
渐变滤镜的使用技巧

　　对于一张照片来说，可能会出现一些比较特殊的情况，比如因为反差较大或其他原因导致整体的调整无法兼顾某些局部。仍然以这张照片为例，经过我们之前的调整后，发现天空部分的亮度仍然非常高。虽然仔细看时能看出一些影调层次，但整体给人的观感并不好。我们已经没有办法再整体调整，对天空部分实现优化，因为对天空部分实现优化之后，地景就会变暗，这时就需要借助于 ACR 中的局部工具来调整。局部工具主要包括渐变滤镜、径向滤镜和调整画笔。对于这种大片的、比较规则的天空部分的调整，主要通过渐变滤镜来实现。

　　如图 4-58 所示，在工具栏中选择"渐变滤镜"，由天空向地面拖动，制作出一个渐变区域。绿线之上的部分是要调整的部分，红线之下的部分是不进行调整的部分，绿线和红线之间则是过渡部分，只有这种平滑的过渡才能让我们的调整看起来更加自然。建立好渐变区域之后，在"渐变滤镜"面板中降低曝光值，稍微提高对比度和去除薄雾的值。这样可以进一步让天空部分变得更加清晰，恢复出更多的层次和细节，可以看到，画面的整体效果更好了。

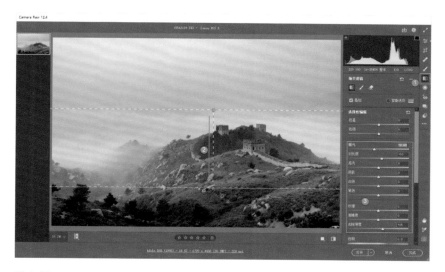

图 4-58

59

径向滤镜的使用技巧

因为原始照片中，光源是在画面左侧的，太阳已经出来了，虽然有浓雾的遮挡，但是太阳仍然将山体的左侧部分照得有些光感。之前进行的调整将这种光感削弱了，画面体现的是一种具有散射光的环境，这显然没有恢复到原始照片效果。这时可以通过使用径向滤镜制作光源产生的效果，恢复左侧原有的光照效果。

在工具栏中选择"径向滤镜"，在画面的左上方拖动出图 4-59 所示的径向渐变区域，其用于设定光源照射效果。参数的设定主要是提高曝光值，稍微提高对比度的值、降低高光值，这样可以避免高光部分出现大面积的溢出。因为光源部分是比较柔和的，所以稍微降低清晰度的值，制作出一定的光感。

早晨的太阳光是有一定的暖色调的，我们还可以稍微提高色温值、色调值，但是提高的幅度一定不要太大，因为这种暖色调是比较弱的，如图 4-60 所示。

图 4-59

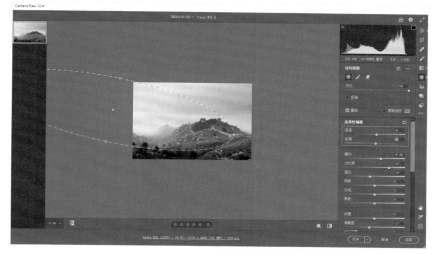

图 4-60

60
利用调整画笔进行局部调整

本案例通过天空与光源部分的调整，已经完成了局部调整，实际上没有太大的必要再使用调整画笔进行局部调整，但这里我们依然在工具栏中选择了"调整画笔"。

如图 4-61 所示，画笔呈现为很小的圆形，并且可以继续缩小或者放大。这种调整画笔与渐变滤镜和径向滤镜的功能几乎完全一样，只是针对的对象不同。渐变滤镜针对的是矩形区域，径向滤镜针对的是圆形或椭圆形的区域，而调整画笔则比较随意，可以对任意大小的区域进行很好的调整。但因为调整画笔是圆形的，如果涂抹不均匀，可能导致调整效果看起来比较乱，所以这 3 种工具各有优点。

此外，这 3 种工具对于一些边缘的控制是通过范围遮罩来实现的。在这 3 种工具的面板下方有范围遮罩功能，本案例中，因为没有必要使用范围遮罩，所以不再单独介绍。对这 3 种工具感兴趣的读者，可以仔细研究范围遮罩功能的使用方法，其实使用方法也非常简单，主要是通过明暗或者色彩的不同，来进行差别化的、有针对性的处理。

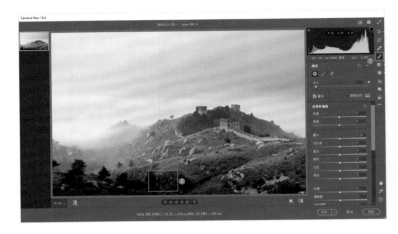

图 4-61

61

通过去除薄雾改变画面通透度

　　对照片整体以及局部的影调进行调整之后，照片的效果已经好了很多，但是仍然不够理想。此时我们发现画面的通透度不够，画面因为雾气的干扰显得有些灰蒙蒙的。针对这种情况，可以回到"基本"面板中，稍微提高去除薄雾的值，如图 4-62所示，通过去除薄雾操作可以让画面变得更加清晰、通透。

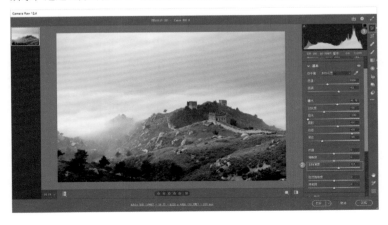

图 4-62

62
整体调整画面

去除薄雾调整之后，画面虽然显得通透，但是色彩感比较弱。

如图 4-63 所示，在"基本"面板中稍微调整白平衡的值，主要是降低白平衡中的色温值，然后稍微降低色调值，即降低画面中黄色的比例。因为画面中黄色的比例是比较高的，这时画面整体给人的感觉更加清澈、干净。

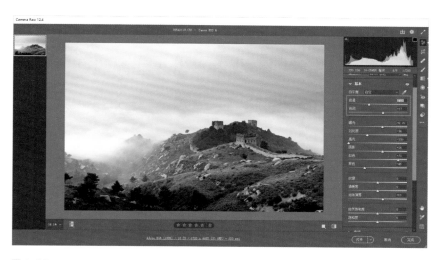

图 4-63

初步调整白平衡之后，画面整体的影调层次和色彩都会发生变化。这时还要结合基本的影调参数以及自然饱和度、饱和度等色感参数对画面进行全面的调整，让画面整体的效果变得更加理想，如图 4-64 所示。经过调整之后，很明显画面的影调层次和色彩都实现了更好的效果。

这里需要单独讲一下自然饱和度与饱和度两个参数。自然饱和度调整的是原始照片中饱和度有问题的色彩，如果提高自然饱和度的值，原始照片中饱和度较低的一些色彩的饱和度会被提高；如果降低自然饱和度的值，原始照片中饱和度偏高的一些色彩的饱和度会被降低。它是有针对性的调整。而如果提高饱和度的值，则原始照片中不管哪一种色彩的饱和度都会发生变化。所以在风光摄影中，自然饱和度使用得较多一些，并且其调整的幅度可以更大一些。调整完成之后，单击"确定"按钮，就初步完成了在 ACR 中的调整，进入 Photoshop 主界面。

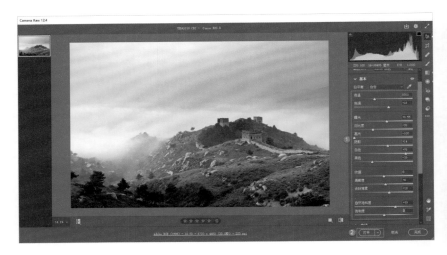

图 4-64

63

利用亮度蒙版实现影调的精细优化

接下来，我们在 Photoshop 主界面中，借助亮度蒙版对画面局部进行调整和优化。所谓亮度蒙版，是指通过蒙版来限定照片中的不同区域，然后对这些限定的区域进行特定的调整。对于亮度蒙版来说，可以在 Photoshop 中人为地进行选择和设定区域，也可以借助一些插件进行选择。当借助插件选择时，边缘过渡会更加柔和，但是选择的精确度会有所欠缺。而在 Photoshop 中，借助"色彩范围"等工具建立选区，并将其转化为蒙版，虽然选区边缘的过渡可能不够柔和，但是选择的精度更准确一些。这里将借助 Photoshop 中的"色彩范围"来建立亮度蒙版并进行局部调整，这有助于我们理解亮度蒙版的概念。

首先将照片载入Photoshop主界面，通过观察会发现，长城左侧的一些裸露岩石比较突出，并且与城墙的颜色比较相近，导致城墙部分不够突出，我们可以对岩石部分进行弱化。首先单击"选择"

图 4-65

菜单，选择"色彩范围"命令，这样可以打开"色彩范围"对话框，如图 4-65 所示。

在上方的"选择"下拉列表中，选择"取样颜色"，在右侧单击"吸管工具"，将鼠标指针移动到照片中的岩石上，单击取样，表示将选择照片中与岩石明暗和色彩相近的区域。此时，在"色彩范围"对话框中，可以看到一个黑白的预览图。这个预览图中，白色部分表示将要选择的区域，黑色部分表示不选择的区域。我们可以看到岩石部分被选择，城墙部分也被选择，但是选择的精度不是特别理想。因此，还可以对"颜色容差"进行调整，通过调整可以帮助我们限定更准确的岩石部分，当然，城墙部分是避不开的，如图 4-66 所示。

图 4-66

调整之后，就很好地选择了岩石部分，然后单击"确定"按钮返回 Photoshop 主界面。可以看到岩石部分与城墙部分被建立了选区，如图 4-67 所示。

图 4-67

创建一个曲线调整图层，向下拖动曲线，此时岩石部分被压暗，但是城墙部分也被压暗了，如图 4-68 所示。然后可以双击蒙版，在打开的"属性"面板中提高羽化值，可以让压暗的岩石部分与周边的过渡更加柔和、自然。

图 4-68

如果感觉效果还不是特别自然，可以稍微降低蒙版的不透明度，就是岩石部分调整的不透明度，如图 4-69 所示，弱化调整效果，让岩石部分与周边的过渡更加自然。

图 4-69

　　但城墙部分也被压暗了，这并不是我们想要的，因此需要将城墙部分恢复出来。
在工具栏中选择"渐变工具"，先设定前景色为黑色，背景色为白色，再设定从黑
到透明的渐变，然后设定"圆形渐变"，最后在城墙部分拖动鼠标，将城墙部分原
有的亮度还原出来，这样就相当于只对岩石部分进行了压暗，如图 4-70 所示。借
助这种方法，还可以只对长城的城墙部分进行提亮，强化其表现力。

图 4-70

64

利用加深工具或减淡工具改变局部影调

这里介绍另外一种比较好用的工具——加深工具或减淡工具。

如图 4-71 所示，在使用之前，首先按 Ctrl+Alt+Shift+E 组合键，盖印一个图层。所谓的盖印图层，是指将之前的调整效果折叠成一个图层并继续进行调。如果不折叠为一个图层，就可能无法对当前的处理效果进行一些局部的去瑕疵处理、简单的加深处理。

图 4-71

盖印图层之后，在工具栏中选择"减淡工具"，适当缩小画笔的直径大小，将范围设定为中间调，曝光度调低，一般不高于 15%，如图 4-72 所示。范围为中间调，表示我们将要调整的区域是一般亮度区域，而不是最亮的高光区域或最暗的阴影区域。

将鼠标指针移动到长城的城墙上，这段城墙其实就是一般亮度区域，因此使用中间调调整是比较合适的。然后在城墙上进行涂抹。可以看到，经过减淡处理，长城城墙部分就被提亮了，其表现力变得更好，如图 4-73 所示。

图 4-72

图 4-73

65

建立 S 形曲线提升通透度

　　进行过大量的处理之后，压暗了高光，提亮了阴影，降低了反差度。但即便进行了去除薄雾处理，提高了通透度，此时的照片给人的感觉也并不是特别通透。

　　在最终完成照片的影调调整之前，可以创建一个曲线调整图层，在曲线的右上方（对应照片中的亮部）单击创建一个锚点，轻微向上拖动它；在曲线的左下方单击创建一个锚点，稍微向下拖动它，如图 4-74 所示。这样可以提亮亮部、压暗暗部，加大画面的反差。虽然曲线调整幅度非常小，但仍呈现出了轻微的 S 形。这种 S 形曲线可以加大画面的反差，从而提高照片的通透度。经过这种轻微的 S 形曲线调整之后，照片明显通透了很多，给人的观感更加舒适。S 形曲线的建立往往是影调调整的最后一步。

图 4-74

4.3 色调调整

　　下面介绍风光摄影后期的色调调整，也就是我们通常所说的调色。当然这些调色方法主要还是一些比较经典、基础的调色方法，关于当前比较流行的特殊调色方法，我们不会过多介绍。实际上，只要掌握了比较经典的、基础的调色方法和原理，其他的调色方法并不难。

66

基础调整

　　首先来看基础调整。在进行调整之前，要将照片的影调大致调到一个相对理想的程度，因为要先调影调再调色。如果调色过后再对影调进行大幅度的调整，会对色彩产生较大影响。

　　在 ACR 中打开拍摄的原始照片，如图 4-75 所示，可以看到整体曝光值偏低，但是色彩感还是比较好的。

图 4-75

进行镜头校正。镜头校正能够修复色差和畸变。对于建筑类题材照片来说，畸变是要消除的。这种夜景照片中高光的光源区域与亮度比较低的区域是一定会有色差的，所以也要消除色差。如图 4-76 所示，切换到“光学”面板，在其中勾选“删除色差”与“使用配置文件校正”两个复选框，进行校正。

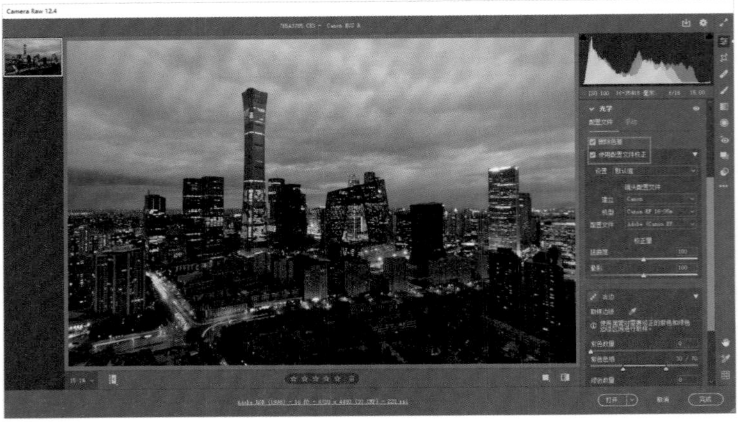

图 4-76

校正之后回到“基本”面板。在“基本”面板中，对照片进行整体的影调调整，包括提高曝光值、降低高光值、提亮阴影值、降低白色值，如图 4-77 所示。降低高光值和白色值主要是为了避免照片中一些建筑顶端比较亮的广告牌以及街道上的车灯因为亮度过高而出现高光溢出。通过适当的调整，照片的影调层次和细节都变得比较丰富、合理了。

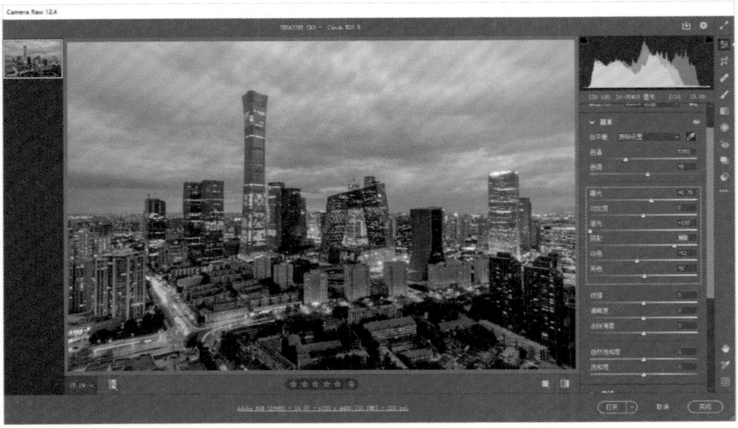

图 4-77

67
用白平衡调整为画面定色调：第1种方法

接下来进行调色。

第1种方法主要是借助白平衡工具来为画面定一个主要的色调。关于白平衡的调整，可通过白平衡工具来介绍其原理。在照片中，只要找准照片中一些原本应该为中性灰、白色或黑色的区域（这三者是比较准确的、没有带特定色彩的区域），将其定为标准色区域，其他带有颜色的区域以此为基准进行还原，就能够还原出非常准确的色彩。

以图4-78所示的这张照片为例，首先在"基本"面板中单击"白平衡"下拉列表右侧的"吸管工具"按钮，也就是白平衡工具，然后找到照片中一些原本应该为中性灰、白色或黑色的一些区域。大多数情况下，使用中性灰会比较合理，像部分建筑的顶部都是中性灰的，那么以此为基准，其他色彩就能够得到很好的还原。白平衡工具再次取色，可以看到取色之后的直方图中，不同色彩的直方图会靠拢，而不再偏向某种颜色。照片的色彩得到了很好的修正，各部分的色彩变得非常准确。当然，这种色彩准确未必是我们想追求的效果，后文我们会介绍。

图 4-78

68

用白平衡调整为画面定色调：第 2 种方法

第 2 种方法如图 4-79 所示，可以通过拖动"色温"与"色调"这两个滑块来进行调整。其实调整时应该看着上方的直方图，确保各种不同的色彩直方图尽量靠拢，尽量与灰色的直方图重叠，这样照片的色彩基本上会被调整到相对准确的程度上。根据实际需求，提高色温值，降低色调值，可以看到，色彩直方图与灰色直方图已经基本靠拢，这样就准确还原了照片的色彩。

实际上，对于风光题材照片来说，这种非常准确的色彩未必是我们所追求的。因为在一些特殊场景中，还原了色彩可能让照片失去了它原有的氛围。对于这张照片来说，我们应该稍微降低色温值，让画面有夜幕降临的氛围，让天空呈现蓝色。这样画面整体变冷之后，会与街道的灯光等形成冷暖对比，氛围感更加强烈。当然，调色之后也会对明暗产生一定的影响，因此我们还应该适当地微调曝光、对比度、高光、阴影等参数，让照片整体的画面效果更理想，具体参数如图 4-80 所示。

图 4-79

图 4-80

69

调整原色统一画面色调

确定了画面的主色调之后，接下来统一画面色调。一般来说，对于一张摄影作品，色彩不宜过多，色彩越少，画面越简洁干净。但是对于夜景题材照片来说，特别是城市风光夜景照片，地面的景物色彩往往会比较杂乱。

图 4-81 所示的这张照片中，中间的高大建筑的灯光明显偏黄，但是街道灯光的橙红色比较重，这样就会导致建筑部分显得有些不够协调与干净。因此可以将这些色彩进行统一，让它们更加相近，使整体显得更加紧凑和协调。具体调整时，当前一种比较流行的方法是在"校准"面板中对原色进行调整。所谓的对原色进行调整其实也非常简单，主要是让某一类色彩靠向统一、集中的色调。

如图 4-81 所示，切换到"校准"面板之后，照片中的建筑灯光偏黄，而街道灯光的橙红色过重。因此，在"红原色"中稍微将"色相"滑块向右拖动一些，这样可以让街道的橙红色变得偏黄一些，与中间高大建筑的色彩更加相近。虽然变化是非常轻微的，但是画面整体给人的感觉会好很多。如果我们将"红原色"的"色相"滑块向右拖动过多，画面可能会出现偏色，所以轻微调整即可。在"蓝原色"中稍微将"色相"滑块向左拖动，让照片中偏蓝的色调（也就是各类冷色调）向偏青的方向发展。因为天空受灯光的照射会有一定的偏紫，所以稍微向偏青的方向拖动滑块会消除其中的紫色，让天空显得更加纯净、更偏青蓝色一些。为了获得色彩的平衡，蓝色的补色也就是黄色会向红色方向偏移。经过这两种调整，就将各种灯光的整体色彩调整得更相近，各种冷色调也更相近。调整色相之后，红色的饱和度和蓝色的饱和度会稍微提高，让画面整体的冷、暖色调更加浓郁。

统一色调之后，可以在"校准"面板右侧单击"隐藏调整效果"按钮，与未调整的效果进行对比，可以看到调整后的色调明显变得更加浓郁，色彩变得更加干净，冷、暖色调比较统一，如图 4-82 所示。

图 4-81

图 4-82

70

混色器调整让画面色调更干净

在"校准"面板中调整原色，会让画面的色调趋于统一，但是对于一些比较细微的色彩，调整效果并不算特别理想。这时就可以借助混色器调整，进行进一步的色彩统一。

如图 4-83 所示，首先切换到"混色器"面板，在其中切换到"色相"子面板，将"橙色"滑块向黄色方向拖动，进一步让街道的红色车灯向偏黄的方向发展。将"黄色"滑块向左拖动，让照片中的绿色向偏黄的方向发展；"绿色"滑块也如此调整。经过这种调整之后，地面灯光部分的色彩更加相近。要注意的是，调整幅度不能过大，若各种灯光色彩过于相近，那会显得不够真实。

切换到"饱和度"子面板，提高红色、橙色和黄色的饱和度，让灯光部分的色彩显得更加浓郁，夜景的氛围更加充足，如图 4-84 所示。这样就完成了红色调的调整。

图 4-83

图 4-84

71
用分离色调渲染画面色彩

　　仔细观察照片，会发现其整体还是有些杂乱，不够干净，特别是建筑部分的色彩深浅不一，天空部分明暗不一。因此，还要进行分离色调的渲染，分别为冷色调和暖色调渲染特定的色彩，让画面整体的色彩显得更加干净。

　　如图 4-85 所示，切换到"分离色调"面板，为暖色调的灯光部分渲染上一定的红色，稍微提高饱和度，可以看到整体的灯光部分显得更加漂亮。为冷色调的阴影部分渲染上一定的青蓝色，让阴影部分的色调也显得更加干净，这样照片整体就显得干净了很多。

图 4-85

72

通过自然饱和度的调整加强色感

回到"基本"面板中，整体上微调白平衡、影调参数等，并提高自然饱和度的值，稍微降低饱和度的值，让画面的色感更加优美，如图 4-86 所示。这样我们在 ACR 中的调整就完成了。

图 4-86

73
色彩分布规律：如何让色彩浓郁而不油腻

　　单击"打开"按钮，进入 Photoshop。在 Photoshop 中进行调整，让色彩变得非常浓郁，但是不会给人油腻的感觉。这里有一条非常重要的规律，加强高光部分的色感，降低暗部的色感。这样画面整体会给人色彩非常浓郁、饱和度非常高的感觉，但是不会让人感到油腻。下面来看具体的操作。

　　依然是这张照片，正如我们前文所介绍过的，这里将使用 TK 亮度蒙版来进行不同区域的选择。如图 4-87 所示，打开 TK 亮度蒙版插件，直接选择暗部，这里我们单击 4 级的暗部亮度，4、5、6 这 3 级非常暗的区域都会被呈现出来。此时画面中呈现高亮显示的便是我们选择的暗部区域。

　　在"通道"面板中，按住 Ctrl 键，单击最下方的 TK 亮度蒙版生成的通道，这样可以将 TK 亮度蒙版载入选区，也就是我们选择的暗部区域会被载入选区，最后单击上方的 RGB 通道，这样可以将照片返回到彩色状态，并建立选区，如图 4-88 所示。

图 4-87

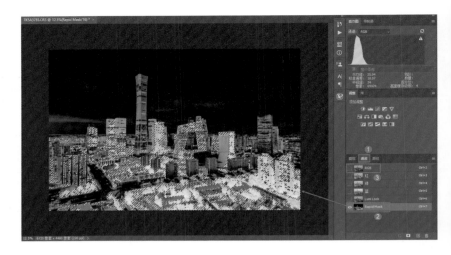

图 4-88

　　创建自然饱和度调整图层，大幅度降低自然饱和度的值，小幅度降低饱和度的值，也就是减弱了照片暗部区域的整体色感，如图 4-89 所示。这是非常重要的一步，减弱暗部区域的色感才能避免加强画面色感时导致画面显得比较油腻。

图 4-89

　　按住 Ctrl 键，单击蒙版，这样可以将蒙版对应的暗部区域再次载入选区，然后单击"选择"菜单，选择"反选"。这样就选择了照片中比较亮的部分，也就是亮度在 4 级之上的部分，包括灯光部分、天空部分等都会被选择，如图 4-90 所示。

图 4-90

再次创建自然饱和度调整图层，大幅度提高自然饱和度的值，这样就将天空部分、灯光部分的饱和度大幅度提高，色感更强，如图 4-91 所示。

图 4-91

通过上述两个调整图层的调整，加强了中间调区域及亮部区域的色感，减弱了暗部区域的色感。可以看到，此时整体画面的饱和度非常高，但是又不会给人油腻的感觉，还是比较自然的。这是对亮部区域进行饱和度提高、对暗部区域进行饱和度降低实现的效果，体现了色彩分布的比较明显的规律。

再次按住 Ctrl 键，单击中间调区域及亮部区域的蒙版，再次载入选区，即载入中间调区域及亮部区域，如图 4-92 所示。

图 4-92

创建一个曲线调整图层，稍微向上拖动曲线，提亮中间调区域以及亮部区域，可以看到画面整体的影调变得更加优美了，如图 4-93 所示。

图 4-93

提亮之后，会发现天空上方的亮度有些高了，这样会导致中间的主体建筑部分显得不那么突出。因此，在工具栏中选择"渐变滤镜"，选择前景色为黑色、背景色为白色，设定从黑到透明的渐变，并设定"圆形渐变"，在天空边缘以及周边部分拖动制作圆形渐变区域，天空边缘部分压暗到之前的亮度，避免其亮度过高，这样就完成了色彩的优化，如图 4-94 所示。

图 4-94

最后拼合图层，再将照片保存就可以了，如图 4-95 所示。当然，如果要得到更好的效果，还要对照片的画质进行优化，比如进行锐化、降噪等处理，甚至让照片变得"油润"一些，这都是后续的操作，后文将介绍一些不同的照片画质优化技巧。

图 4-95

4.4 画质优化

74
通过清晰度调整画质

下面介绍风光摄影后期的画质优化。画质优化包含非常多的具体处理：锐化让视觉中心部分更加锐利、清晰；画面整体的降噪，让一些因为"高感"或长时间曝光所产生的噪点消除，最终得到更加平滑的画质；还包括通过一些方式来让照片整体变得更加油润，但那是比较高级的处理，这里不进行讨论。这里主要介绍的是关于锐化与降噪的技巧，实现锐化与降噪的手段是非常多的，可以在 ACR 中实现，也可以在 Photoshop 中实现，还可以借助于第三方插件来实现，效果都是非常理想的，下面分别进行介绍。

如图 4-96 所示，依然是之前处理好的 JPEG 格式照片，在 Photoshop 中打开之后，如果放大照片，就会发现照片存在一些问题。

图 4-96

按 Ctrl+C+A 组合键，进入 Camera Raw 滤镜，如图 4-97 所示，在工作区底部单击"在原图与效果图之间对比"按钮，可以将照片以对比图的方式来呈现。

图 4-97

"基本"面板中清晰度的调整，如图 4-98 所示，在"基本"面板中将清晰度大幅度提高。提高清晰度之后，景物的边缘轮廓明显变得更加清晰，但是明暗的对比度也会变得更高。

图 4-98

　　如果图放得太大，不便于观察整体的效果，就适当缩小一些，并将清晰度稍微调低一些，如图 4-99 所示。虽然景物的轮廓变得非常清晰，但是画面整体变得不够平滑，画面给人非常粗糙的感觉。因为清晰度调整能够强化景物的边缘轮廓，并提高画面中像素的对比度，这种对比度包括色彩饱和度的对比度以及明暗的对比度。照片中的暗部更暗，亮部更亮，并且轮廓得到强化之后出现了一些亮边，因此画面显得杂乱、粗糙。通常情况下，清晰度的使用要慎重，经常只是稍微提高清晰度即可，其值一般不要超过 20。

图 4-99

75
通过纹理改变画质

　　在当前一些比较新版本的 ACR 中，增加了"纹理"。纹理与清晰度相似，但纹理通过强化全图范围内像素之间的差别，来提高画面的清晰度和加强纹理质感，处理的效果会比清晰度调整的效果弱一些，但是更细腻。

　　如图 4-100 所示，大幅度提高纹理值之后，画面整体的锐度变高，但是画面显得没有那么粗糙。通常情况下，关于纹理的使用也应该慎重，虽然其整体效果看似很好，但如果放大照片，就会发现有一些比较亮的像素变得更亮，画面显得过度锐利，也是不够自然的。因此，通常来说纹理值也不要过高或过低。

图 4-100

76
锐化的设定

　　在介绍清晰度与纹理之后，下面来看真正的锐化设定。

　　如图 4-101 所示，依然是这张照片，放大局部之后，切换到"细节"面板，适当提高锐化值。从原图与效果图看，锐化之后的建筑边缘轮廓更加清晰，建筑的纹理也更加细腻、锐利，这是锐化功能的作用。

　　要注意：在 ACR 中，锐化值一般来说不宜超过 70，笔者比较喜欢设定为 30 ~ 50，这样锐化的效果已经比较理想。如果锐化值过大，效果也会不够自然，景物的边缘会出现一些亮边。半径是指像素之间的距离，在后文中会进行介绍。细节与锐化相差不大,可通过提高细节值来确保照片中景物表面呈现出更多的纹理和层次,即呈现出更多的细节,细节与锐化起到的作用相似。笔者认为,只调整锐化值就够了,半径值和细节值一般习惯保持默认。

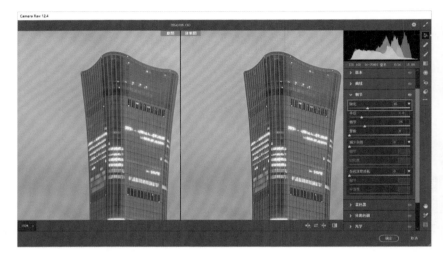

图 4-101

77

用 ACR 的蒙版限定锐化区域

在"锐化"参数下还有一个"蒙版"参数。进行锐化是针对全图进行的操作,景物边缘、景物表面会得到锐化,大片的平面部分也会得到锐化,通过加强像素间的明暗色彩对比,实现让照片更加清晰的目的。但是,对于一些平滑的面来说,其实没有必要进行锐化。因为对这种平面进行锐化没有任何好处,只会将照片中的一些噪点强化出来,导致画质变差,所以蒙版可用于解决锐化时分区的问题。使用蒙版时,只要提前设定锐化值,按住 Alt 键并向右拖动"蒙版"滑块,会发现照片变为黑白的线条状态,白色区就是进行锐化的区域,黑色区则是不进行锐化的区域。

如图 4-102 所示，本案例之前已经提高了锐化值，现在提高蒙版值，确保锐化主要处理地景部分。天空部分变黑，也就是将之前对天空部分的锐化消除。天空部分不进行锐化，保持光滑的平面，避免这部分产生新的噪点，这是蒙版的功能。

图 4-102

如图 4-103 所示，设定之后再次对比前后的效果图，天空部分几乎没有发生任何变化，只有建筑部分变得更加清晰，这是蒙版非常强大的功能。

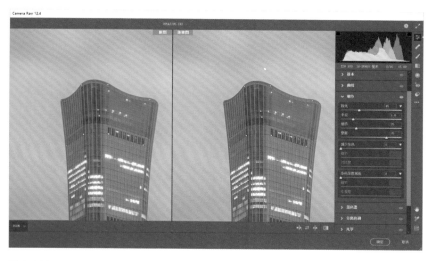

图 4-103

78

降噪参数中"减少杂色"的用途

　　放大照片，观察照片的底部画面，会发现在暗部中是有一些噪点的。在摄影后期中，如果对暗部进行了大幅度的提亮，暗部就会呈现更多的噪点。所以，对夜景照片或高感拍摄的星空等题材的照片，往往要进行大幅度的降噪处理。

　　在 ACR 中，降噪主要通过"减少杂色"和"杂色深度减低"两个参数来实现。"减少杂色"的功能在于消除照片中的单色噪点，我们提高"减少杂色"的值，对比左、右图片的效果，可以看到，减少杂色之后画面明显变得更加平滑、柔和，当然清晰度会有一定的降低。所以，"减少杂色"的值不宜过高，因为过高的话，虽然消除了噪点，画面变得更加平滑，但是其锐度会降低，如图 4-104 所示。

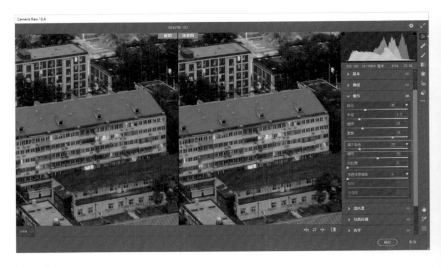

图 4-104

79

降噪参数中"杂色深度减低"的用途

再来看另外一个参数——"杂色深度减低"的用途。

打开另外一张照片，如图4-105所示，这张照片是设定高感拍摄的，感光度为3200。

图 4-105

以原图和效果图对比的方式呈现照片，并切换到"细节"面板，首先提高"减少杂色"的值，照片中字的单色噪点得到了很好的消除，画面变得更加干净，如图4-106所示。

如果观察中间的黑色字，就会发现字上有很多彩色的噪点，主要有红色、绿色的非常微小的噪点，这是彩色噪点。提高"减少杂色"的值是无法消除这些彩色噪点的，彩色噪点的消除主要是通过"杂色深度减低"这个参数来实现的。

如图 4-107 所示，提高"杂色深度减低"的值，中间黑色字上的彩色噪点被消除了，这是"杂色深度减低"的用法。这样在 ACR 中就完成了照片锐化和降噪的整个处理过程，在降噪参数中，依然有细节、对比度、平滑度等不同的参数，实际上，在绝大多数情况下，没有必要使用这些参数，保持默认值即可。

图 4-106

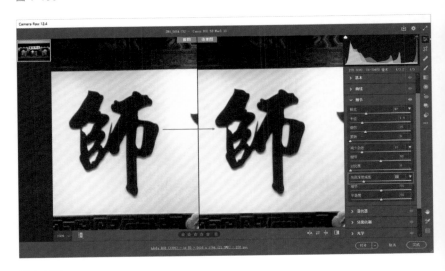

图 4-107

80
Photoshop 中的 USM 锐化

再来看 Photoshop 中的 USM 锐化。

对之前的照片进行初步降噪之后，将照片在 Photoshop 中打开，准备进行 USM 锐化。实际上，USM 锐化是传统摄影中应用得非常广泛的锐化方式，它非常简单、直观。但是随着当前数码技术的不断发展，这种锐化方式的使用频率会越来越低。在 USM 锐化以及其他不同的锐化方式当中有一些基本的参数，通过学习这些参数的使用方法和原理，可以帮助我们打好摄影后期的基础，为掌握其他工具做好准备。

如图 4-108 所示，依然是这张照片，单击"滤镜"菜单，选择"锐化"→"USM 锐化"，进入"USM 锐化"对话框。

图 4-108

如图 4-109 所示，在其中提高数量值，有一个局部放大的区域显示了锐化的效果。如果要对比锐化之前的效果，将鼠标指针移动到预览框中并单击，就会显示锐化之前的效果。通过对比锐化前后的效果可以发现，USM 锐化的效果还是比较明显的，景物边缘的轮廓明显更加清晰，当然也会产生一些新的噪点。由此可知，USM 锐化远没有 ACR "细节" 面板的锐化功能强大。因为在 "细节" 面板中，不但能够实现锐化。还能够限定只对某些区域进行锐化。但是 USM 锐化则无法限定，可以看到天空部分因为锐化产生了大量的噪点，画面不再平滑。

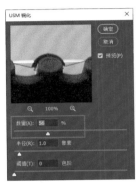

图 4-109

如图 4-110 所示，依然是在 "USM 锐化" 对话框中，将半径值提到最高，会发现仿佛提高了清晰度，照片的景物边缘出现了明显的亮边。而照片中原有的亮部变得更亮，高光溢出，原有的暗部变得更黑，暗部溢出。也就是说，提高半径值可以提高锐化的程度，它与数量值所起的作用有些相近。半径的单位是像素，而锐化则通过强化像素与像素之间的明暗与色彩差别，来达到让照片更清晰的目的。半径是指像素距离，如果其值为 1，就是指检索某一个像素与它周边相距一个像素的点，只增强这两个像素之间的明暗与色彩差别。如果设定半径值为 50，那么半径为 50 个像素的圆形区域之内的所有像素之间的明暗和色彩差别都会得到增强，所以说锐化的效果会非常明显。一般情况下，这个半径值不宜超过 2 或 3，只检索两三个像素范围内的区域就可以了。

"阈值" 这个参数比较抽象，它的单位是色阶，色阶用于表示明暗。阈值的范围是 0 ~ 255，0 表示纯黑，255 表示纯白，一共有 256 级亮度。阈值在锐化中的作用：如果两个像素之间亮度相差 1，但是阈值设定为 2，那么这两个像素就不进行锐化，即不强化它们之间的明暗和色彩差别。也就是说，阈值是一个"门槛"，只有明暗差别超过了阈值，才会对两个像素进行锐化，即强化它们之间的色彩和明暗差别。所以，如果阈值设定得非常大，如255，则全图几乎不进行任何的锐化处理。

如图4-111所示，将阈值设到255之后，锐化的效果非常不明显，几乎不可见。在摄影后期中，半径和阈值是两个非常重要的概念，正如前文所介绍的，在ACR中存在半径，阈值在Photoshop主界面的其他功能应用中是非常常见的。

图4-110

图4-111

81

Lab 模式下的明度锐化

接下来介绍一种比较高级的锐化方式。前文介绍的所有锐化，强化的都是像素之间的明暗与色彩差别，即对照片的、像素的影调进行锐化，也对色彩进行锐化。其实对明暗进行锐化的效果会比较直观，但如果对色彩信息进行锐化，就会破坏一些原有的色彩，导致画面显得不是那么漂亮。所以，就有这样一种锐化模式，即将照片转为 Lab 模式，只对照片的明暗信息进行锐化，而不对色彩信息进行锐化，下面就来看具体的操作过程。

如图 4-112 所示，依然是之前的照片，打开照片之后，单击"图像"菜单，选择"模式"→"Lab 颜色"命令，将当前的照片转为 Lab 模式，因为大部分照片都是 RGB 模式的，现在要转为 Lab 模式。

图 4-112

　　此时会弹出一个提示框，提示"模式更改会影响图层的外观。是否在模式更改前拼合图像？"，如图 4-113 所示。这是因为当前在"图层"面板中会有多个不同的图层，如果不拼合会有影响，因为上方的图层转为了 Lab 模式，下方的图层依然是其他模式，效果就不会太好。因此这里可以选择"拼合"，当然也可以选择"不拼合"，只要后续能够控制即可。

图 4-113

　　选择"拼合"之后，切换到"通道"面板，可以看到其中有 4 个通道：Lab 复合通道也就是彩色通道；明度通道对应照片的明暗信息，与色彩信息无关；a 通道对应两种色彩的明暗；b 通道对应另外两种色彩的明暗。这里只要关注明度通道即可。这里选择明度通道，单击"滤镜"菜单，选择"锐化"→"USM 锐化"命令，如图 4-114 所示。

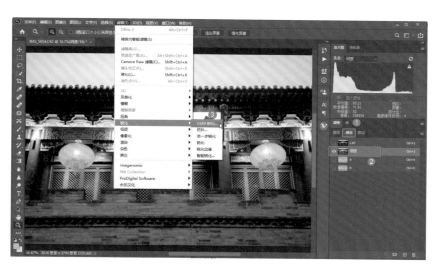

图 4-114

打开"USM 锐化"对话框，对这张照片的明暗信息进行锐化，这样就不会对色彩产生影响了。单击"确定"按钮返回，在"通道"面板中，选择 Lab 复合通道，这样照片就会回到彩色状态，如图 4-115 所示。

图 4-115

单击"图像"菜单，选择"模式"→"RGB 颜色"，再将照片转回 RGB 模式，这样就完成了照片的处理，如图 4-116 所示。这是 Lab 模式下的明度锐化，这种锐化是比较高级的，不会破坏画面的色彩信息，锐化的效果更好一些，当然相对来说比较烦琐。

图 4-116

82

利用"高反差保留"滤镜进行锐化

接下来介绍另外一种效果非常明显的锐化方式，这种锐化方式对于建筑类题材照片是非常有效的，能够强化建筑边缘的线条，让画面显得非常有质感。

首先打开照片，按 Ctrl+J 组合键复制一个图层，单击"图像"菜单→"调整"→"去色"，也就是对新复制的图层进行去色处理，如图 4-117 所示。

图 4-117

单击"滤镜"菜单，选择"其他"→"高反差保留"，这个操作的目的是将照片中高反差区域保留下来，将非高反差区域排除，如图 4-118 所示。

一般来说，景物边缘的线条与其他区域会有较大的差别，这就是高反差区域。这些区域就会被保留，锐化的也正是这些区域。在"高反差保留"对话框中改变半径值，半径是非常重要的一个参数，将其设定为 3.6 像素时边缘的查找效果比较好，单击"确定"按钮，如图 4-119 所示，这样就将照片中的一些边缘查找出来。

图 4-118

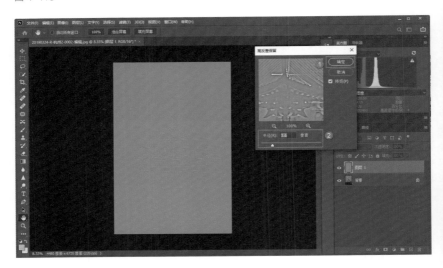

图 4-119

　　此时的照片是灰度状态的，只有检测出来的一些线条，并且对这些线条进行了强化。这时只要将上方图层的混合模式改为"叠加"，就相当于对一些边缘的线条进行提取和强化，从而完成高反差锐化处理，如图 4-120 所示。

　　对比处理前后的效果，隐藏上方图层，可以看到是原图的效果，如图 4-121 所示。

图 4-120

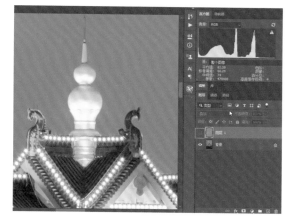

图 4-121

显示锐化效果会发现，锐化的效果非常明显，景物的边缘轮廓非常清晰，如图 4-122 所示。

因为之前对于高反差保留设定的半径值比较大，锐化的强度有些大，导致景物边缘出现了轻微的失真。这没有关系，只要适当降低上方图层的不透明度就可以了，如图 4-123 所示，在后文会进行详细介绍。

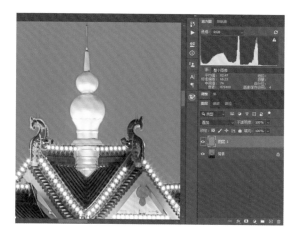

图 4-122

图 4-123

第 5 章

提升照片表现力
的特殊技法

　　本章介绍几种当前比较特殊的后期技法，这些技法在一定程度上可以改善照片画质，或是提升画面的元素表现力。

Chapter Five

83

HDR：高动态范围与 HDR

　　宽容度是指相机的底片（胶片或感光器件）对光线明暗反差的宽容程度。如果相机的宽容度足够大，就既能包容最暗的光线，又能包容最亮的光线，让最暗和最亮的部位都有足够多的细节。比如逆光拍摄太阳，如果相机不仅能将太阳周边最亮的部分还原出足够多的细节，还能将地面背光的部分还原出足够多的细节，就可以认为相机的宽容度是足够高的。

　　在图 5-1 中，暗部和亮部都有足够多的细节，这是宽容度大的一种表现。

　　在图 5-2 中，暗部和亮部都出现了溢出问题，这是宽容度不够大的一种表现。

图 5-1

图 5-2

动态范围则是指相机从最亮到最暗这个范围内的景物细节的呈现能力。如果出现了大量的影调与色彩断层，就表示动态范围不足，影调层次过渡不够平滑，如图 5-3 所示。

图 5-3

HDR 是指通过数码处理补偿明暗反差，拍摄具有高动态范围的照片的表现方法。在后期软件中，HDR 是指将曝光不足、标准曝光和曝光过度的 3 张照片进行合成，得到具有高动态范围照片的技术。用比较通俗的话来说，宽容度可用于描述明暗之间的宽度，动态范围可用于描述影调过渡的平滑程度。

下面介绍后期进行 HDR 合成的技法。当拍摄图 5-4 所示的这个场景时，天色已经开始暗下来，地面有很多灯光，有一些灯光没有太大问题，但是画面中间的广告牌以及建筑的灯光亮度非常高。这导致拍摄时无法兼顾灯光的亮度以及整个地景暗处的亮度，也没有办法让这两部分同时曝光正常，因此需要进行 HDR 合成。在拍摄时进行了包围曝光的操作，拍摄了 3 张照片，如图 5-4 至图 5-6 所示，最后进行 HDR 合成，得到各区域曝光非常准确的效果。

图 5-4

图 5-5

图 5-6

下面来看 HDR 合成的操作过程。

首先将 3 个 RAW 格式文件拖入 Photoshop，这 3 个 RAW 文件会自动载入 ACR。在左侧的缩略图列表中，可以看到 3 张不同的照片，如图 5-7 所示。

图 5-7

　　全部选中这 3 张照片，右击，在弹出的快捷菜单中，选择"合并到 HDR"，如图 5-8 所示，这样会打开"HDR 合并预览"界面。

图 5-8

在"HDR 合并预览"界面中，会看到多个选项，右侧有"对齐图像""应用自动设置"这两个复选框以及"消除重影"，如图 5-9 所示。

顾名思义，"对齐图像"是指要对这 3 张照片进行对齐。这 3 张照片对齐的主要是一些静态的建筑物，地面的车流是不进行对齐的，因为车辆的位置会有较大变化，所以没有办法对齐，只要建筑物对齐就可以了。"应用自动设置"是指由软件自动调整画面的影调与色彩。在 ACR 中，打开"基本"面板，单击"自动"按钮，这样自动调整之后会看到更好、更漂亮的效果。大部分情况下，"对齐图像""应用自动设置"这两个复选框都会勾选。

"消除重影"主要用于消除照片中移动景物带来的重影。比如，第一张照片中的车辆位于第一个位置，第二张照片中的车辆位于第二个位置，如果开启了"消除重影"，就会将其中某张照片中的车辆重影消除，确保有更清晰的画面效果。但对于夜景照片来说，需要的就是车辆的车流线条，所以没有必要消除重影，关掉即可。

图 5-9

单击"合并"按钮，打开"合并结果"对话框，将文件名选择为".dng"格式的，这是 Adobe 公司的 RAW 格式，然后单击"保存"按钮即可，如图 5-10 所示。

图 5-10

　　此时，合并结果会作为一张单独的照片出现在缩略图列表中，可以再次对其进行整体影调与色彩的微调，如图 5-11 所示。

　　因为灯光与周边暗处的反差是比较大的，所以照片中存在一些色差；另外，因为是用广角镜头拍摄的，所以四周的建筑有一些畸变。先切换到"光学"面板，在其中勾选"删除色差"和"使用配置文件校正"，校正四周建筑的畸变。对于四周的晕影，可以进行适当的恢复，避免因这种晕影的调整，导致画面四周亮度反而比画面中间要高一些，所以要适当恢复晕影的值，如图 5-12 所示。

图 5-11

图 5-12

　　接下来进行画面整体的调色。调色主要目的是使色相统一、协调。由于地面、树木、霓虹灯这几处区域的色彩非常杂乱，因此，先切换到"混色器"面板，再切换到"色相"子面板，让灯光照射的区域的色彩更趋于相近、更干净一些，否则这些区域的色彩会非常杂乱，如图 5-13 所示。

图 5-13

　　然后缩小照片的视图，选择"渐变滤镜工具"，稍微降低曝光值，曝光值一定要低一些，由照片四周向中间拖动以制作渐变。这样操作的目的主要是压暗四周，因为这张照片要突出的是中间的建筑，如图5-14所示。

图5-14

　　选择"径向滤镜"工具，在中间的建筑部分制作一个径向滤镜，稍微提高曝光值，这样可以突出建筑主体，将画面四周压暗，如图5-15所示。

图5-15

切换到"细节"面板，提高"减少杂色"的值，对画面整体进行降噪，如图5-16所示。

图5-16

单击"打开"按钮，将照片载入Photoshop，可以根据实际的需求进行一些特定的精修，这样照片最终调整完成，如图5-17所示。关于在Photoshop中的照片精修，比较具体的细节不过多介绍，实际上在ACR中处理完成之后，照片的效果已经比较理想。

图5-17

84

接片：全景接片

在有些场景中，整体景色非常优美，但我们的镜头视角不够广，无法表现出令人震撼的大场景。这时使用全景接片技术，就能得到大视角的美景。要想得到全景照片，在拍摄时就应注意使用三脚架，将相机的竖直位置固定，拍摄时只转动中轴，让相机在同一水平面上转动，自左至右或自右至左横向、连续地拍摄，拍摄的素材与素材之间要有超过 15% 的重合度。如果重合度不够，那么是无法进行接片的。

接下来要演示的这张照片显示的是山野中的野桃花盛开的场景，拍摄之时刚刚下过一场春雪，云海蒸腾的场景非常壮观。因为单一照片无法显示出整个大场景，所以进行了全景接片的拍摄和后期操作。下面来看后期操作。

首先，全选所有的素材，拖入 Photoshop，自动载入 ACR，在左侧的缩略图列表中全选所有照片，右击，在弹出的快捷菜单中，选择"合并到全景图"，如图 5-18 所示。

图 5-18

打开"全景合并预览"界面。在界面中,会看到 3 个投影方式,分别为"球面""圆柱""透视",如图 5-19 所示。

图 5-19

"球面"与"圆柱"的效果相差不大。正常来说,"球面"的接片效果会扁一些,但是"圆柱"的接片效果会高一些,也就是画面的长宽比会发生变化,"圆柱"接片的宽边会更宽一些。从接片效果看会非常直观,"球面"接片扁一些,"圆柱"接片高一些,如图 5-20 所示。

图 5-20

"透视"比较特殊，适合对广角镜头以及超广角镜头拍摄的素材进行接片。如果使用中等焦距镜头进行拍摄，可能无法完成后期接片，会提示接片失败。由于本案例使用的是广角镜头拍摄的素材，所以可以完成接片，但是接片效果会与前两个接片效果的差别比较大，如图5-21所示。

图 5-21

本案例设定的投影方式是"圆柱"，如图5-22所示。设定之后，再来看下方的几个参数。

第一个是"边界变形"。"边界边形"是指接片之后，通过提高其值，由软件对正常的像素进行扭曲和拉伸，来填充四周一些素材之间结合不够紧密的部位。对于自然风光题材照片来说，可以直接将"边界变形"值提到非常高；对于城市风光和建筑题材照片来说，"边界变形"值可能就不能随意提得很高。

第二个是"图像工作流程"，下方有两个复选框，分别是"应用自动设置"和"自动裁剪"。"应用自动设置"是指在HDR合成时，由软件自动对照片进行影调与色彩的调整，大部分情况下，勾选此复选框即可。"自动裁剪"是指素材与素材之间的拼合不是完美的，会有一些空白区域，勾选这个复选框之后，软件会自动将空白区域裁掉。如果将"边界变形"值提到非常高，"自动裁剪"就会失去作用，勾选与否并不会对 HDR 合成产生任何影响；如果不将"边界变形"值提到非常高，"自动裁剪"则可以裁掉四周的空白区域。

图 5-22

设定好之后，直接单击"合并"按钮，会生成一个".dng"格式的文件，将其保存，合并效果会显示在左侧缩略图列表中，如图 5-23 所示。

这样就可以在 ACR 中继续进行处理，对画面进行影调和色彩的调整，并可以对照片进行水平校正，如图 5-24 所示。

经过全方位的处理之后，就完成了这张照片的整体处理过程，最后将照片保存就可以了。本案例中，主要介绍的是照片的全景接片技巧，包括中间过程的设定和得到的效果，至于照片后续的影调和色彩调整，就不过多介绍了。

图 5-23

图 5-24

85

堆栈：最大值堆栈技法

在前文中，我们介绍过如何在山间拉出车灯的轨迹，营造出光源与自然景观相互衬托的美景，下面我们就将介绍如何通过堆栈记录这种轨迹。如果我们在城市中进行街道的拍摄，那么直接在拍摄之后进行堆栈即可，堆栈的过程比较简单，没有讲解的必要；但如果是在山间进行车轨的拍摄，那么堆栈的后期处理还是有一些特殊之处的，下面来看具体的后期处理过程。

之前我们已经介绍过，拍摄的素材中一定要有提前拍摄的一两张照片，且要确保地景有足够的曝光量，天空也是如此。如图 5-25 所示，在我们所准备的素材中，可以看到第一张照片中的地景曝光是非常足的，当然天空有些过曝也没有关系，后续我们可以将天空去除掉。准备好这些素材之后，经过后期制作就可以得到非常理想的车轨效果。

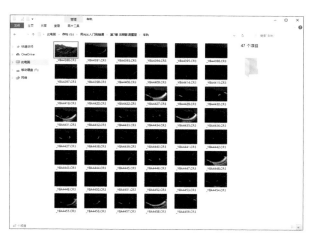

图 5-25

接下来看后期处理过程。

首先我们将准备好的所有固定视角的照片拖入 Photoshop，照片会自动载入 ACR，如图 5-26 所示。

第一张照片显示的是为车轨之外的地景准备的细节，当前先不要管它。先选中第二张照片，对第二张照片的影调层次进行调整，包括提高曝光值、降低高光值、提亮阴影值等，将照片调整到相对理想的效果，如图5-27所示。

图 5-26

图 5-27

在左侧的缩略图列表中，选中除第一张照片之外的所有照片，然后右击，在弹出的快捷菜单中选择"同步设置"，打开"同步"界面。因为我们没有进行其他的局部调整，只进行统一的调整，所以保持默认选项，直接单击"确定"按钮即可，如图5-28所示。这样我们就将对第二张照片的后期处理同步到了其他照片中，但第二张照片的亮度比较高，这种调整未必适合其他照片，所以还需要适当地检查一些比较特殊的照片，进行逐个处理。比如针对亮度比较高的照片，需要调整的幅度更大一些，大幅度降低高光值、降低白色值，从而避免高光部分严重过曝。

图 5-28

　　照片检查完毕之后，再单独选择第一张照片，降低高光和白色的值，避免天空出现严重过曝的情况，如图 5-29 所示。

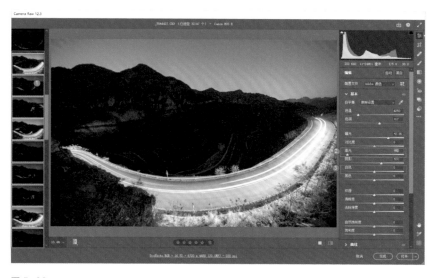

图 5-29

　　最后全选所有照片，单击"完成"按钮，就完成了对所有素材的调整过程，如图 5-30 所示。

图 5-30

接下来就可以按照前文案例所介绍的方法，将所有的照片都载入 Photoshop
同一个画面的不同图层中。在工具栏中选择"快速选择工具"，并在图层中查找天
空亮度特别高的一些图层，建立天空选区之后，将这些图层的天空删掉，这样画
面整体的亮度经过堆栈之后就会比较均匀，如图 5-31 所示。按住 Ctrl 键并逐一
单击每个图层，这样可以全选所有图层；当然也可以单击第一个图层之后，按住
Shift 键，向下拖动鼠标，选择最后一个图层。这样也可以全选所有图层。但要注
意按 Ctrl+A 组合键是无法快速全选所有图层的。

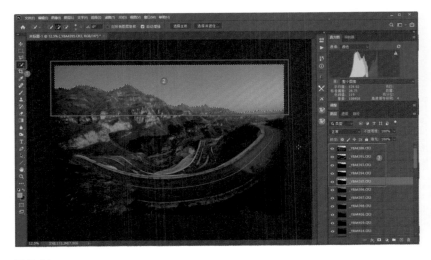

图 5-31

单击"图层"菜单，选择"智能对象"→"转化为智能对象"，这样就将所有图层折叠在一起，如图 5-32 所示。

图 5-32

接下来开始设定折叠和堆栈方式，单击"图层"菜单，选择"智能对象"→"堆栈模式"→"最大值"，如图 5-33 所示。也就是说，我们要对折叠起来的智能对象用最大值的方式进行堆栈，堆栈地面的车轨，因为车轨的亮度是非常高的，所以会被堆栈显示在最终效果中，天空的星星也是如此。

图 5-33

这时我们再按 Ctrl+Shift+A 组合键，进入 Camera Raw 滤镜，对画面整体的影调、层次、色彩等进行一定的调整，如图 5-34 所示。

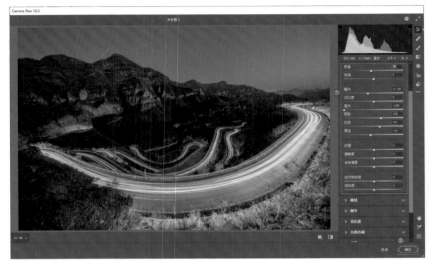

图 5-34

调整完毕之后，我们就完成了这张照片的处理，最后单击"确定"按钮，回到 Photoshop 主界面，再对照片进行局部的精修，就会得到最终的效果，最后将照片保存即可。

86

堆栈：中间值堆栈技法

本章要介绍的最后的案例，主要是针对夜景星空摄影。夜景星空摄影的难点是非常多的，这里主要介绍如何通过堆栈来消除地景中突然出现的一些光源或是光污染，让地景变得非常干净。

在我们拍摄的大量星空照片中，肯定会有照片出现了地面光污染的情况，比如拿手电筒的行人。如果直接堆栈，这些光污染就会出现在最终的照片中，破坏最终照片的效果。如果我们使用合理的堆栈方式对照片进行堆栈，就可以得到更好的效果。

在图 5-35 所示的这张照片中，地景没有任何的光污染出现。但是从图 5-36 中的缩略图列表可以看到，很多照片中都出现了拿着手电筒行走的行人。

图 5-35

图 5-36

接下来我们就看如何使用合理的堆栈方式消除这种光污染，并对画面的地景进行降噪。

首先将所有的照片在 Photoshop 中打开，然后全选所有的照片，在"光学"面板中勾选"删除色差"与"使用配置文件校正"。照片四周的暗角会得到极大的提亮，这种提亮会导致四周晕影出现萎缩，所以我们可以稍微地提高晕影值，避免四周过亮，如图 5-37 所示。

图 5-37

　　回到"基本"面板中，调整画面的色温与色调。一般来说，色温值在 3900 左右时，银河画面会有比较准确的色彩。接下来适当地提高曝光值、降低高光值、提亮阴影值，这样可以让地面显示出更多的色彩和细节。但是经过调整之后的画面中，地景的噪点看起来更多，这没有关系，因为后续我们要通过一定的堆栈处理来消除噪点。照片初步调整好之后，单击"完成"按钮，这样我们就将对照片的处理过程记录了下来，如图 5-38 所示。

图 5-38

接下来在 Photoshop 中，单击"文件"菜单，选择"脚本"→"统计"命令，打开"图像统计"界面。"选择堆栈模式"设定为中间值；单击"浏览"按钮，将所有的照片载入；单击"确定"按钮，完成堆栈，如图5-39所示。

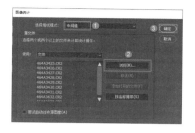

图 5-39

为什么选择中间值呢？所谓中间值，是指照片中某一个像素位置在所有图层中的中间亮度的值。比如对于多张照片，某个像素位置出现了行人和灯光，那么它的亮度就会有较大差别，有 150 的亮度，有 250 的亮度，有 200 的亮度等。但是对于绝大部分照片来说，某个像素位置是没有出现光污染的，亮度大多数都是在 50 左右，那么中间值就是所有图层的该像素位置的亮度中间值。自然地，中间值肯定会出现在没有光污染的像素上，最终像素的亮度显示在最终效果中，它就排除了光污染的亮度，并且通过这种中间值的查找，将这些像素位置上出现的噪点也消除了。所以说，中间值既有降噪的作用，又有排除光污染的作用。

我们可以看到，经过一段时间等待之后，堆栈完成，地景光污染被消除了，并且地景的噪点得到了很好的消除，如图5-40所示。

图 5-40

　　不幸的是，因为天空中的星星是有位移的，所以星空变得模糊，这时候我们可以找一张没有光污染的、单独的星空照片，覆盖在中间值降噪之后的效果图上。为天空建立一个选区，为选区创建白蒙版，由于白蒙版不进行遮挡，所以就会露出比较清晰的天空部分；而地景部分则进行遮挡，因此就遮挡住了单张照片没有降噪的地景，露出了下方中间值降噪后的地景，实现了照片的合成，整体效果就比较理想了。

　　对于地景整体偏绿的问题，我们还可以创建一个色相 / 饱和度调整图层，只对地面进行色相 / 饱和度的调整，让画面整体的效果变得更加理想，如图 5-41 所示。这样最终照片的处理就完成了，最后将照片图层拼合起来并保存即可。

图 5-41

第 6 章

人像后期常规
修片技法

本章通过一个人像摄影作品的后期处理来介绍人像摄影作品后期的全方位技法以及相对标准的流程，这里不会涉及不同风格的人像调色，主要介绍的是照片的校正、修饰、局部调整、瑕疵修复、肤色优化、面部液化、锐化与降噪、简单调色、磨皮与光影重塑等。通过这种学习，希望读者在面对人像摄影作品时，能够调整出自己想要的、比较理想的效果。

Chapter Six

6.1 照片校正与修饰

87
照片校正

首先将拍摄的 RAW 格式源文件拖入 Photoshop，照片会自动载入 ACR，从 ACR 中可以看到打开的照片，如图 6-1 所示。

图 6-1

通过观察可以发现这张照片有很多问题：色彩比较暗淡、灰暗，画面的明暗反差比较大，让照片失去了人像摄影作品的柔美；人物面部偏暗，因为在拍摄时只有摄影师一个人，并没有对面部进行合理的补光；由于人物的裙摆部分是白纱，所以亮度非常高；背景中存在大面积的光斑，这些光斑属于高亮区域，它与背光的人物以及树枝等的边缘会产生色差（也称为彩边），彩边主要有绿边、紫边等。这些都需要进行后期处理。经过合理的后期处理之后，将得到一个相对比较理想的人像摄影作品，下面来看具体的操作步骤。

　　如图 6-2 所示，首先放大照片，切换到"光学"面板，勾选"删除色差"与"使用配置文件校正"这两个复选框。"使用配置文件校正"主要用于校正画面四周所产生的暗角以及几何畸变，"删除色差"则用于消除高反差边缘出现的彩边，如绿边和紫边等。从图 6-2 中可以看到，出现的是绿边。对于这张照片来说，没有必要进行过度的几何校正，在校正量中，将"扭曲度"恢复到 0，也就是不进行几何畸变的校正；对"晕影"进行适当的恢复，避免四周过亮。

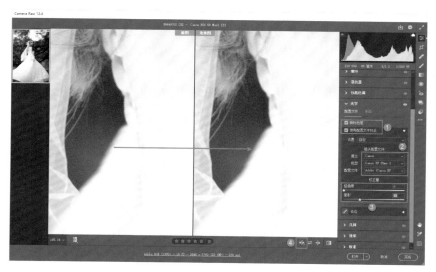

图 6-2

　　通过对比调整前后的效果可以看到，绿边非常明显，但是删除色差之后并没有较大变化，这说明软件的自动优化在本案例中的效果并不是特别理想。因此单击下方的"去边"子面板，将"绿色色相"滑块定位到彩边颜色的区域，也就是"绿色色相"左右两个滑块中间的颜色范围，包含彩边的绿色，可以对这个范围进行调整。如图 6-3 所示，适当提高"绿色数量"的值，一般不会超过 5，这里将其调整到 3，可以看到效果图中的绿色彩边被很好地消除了。

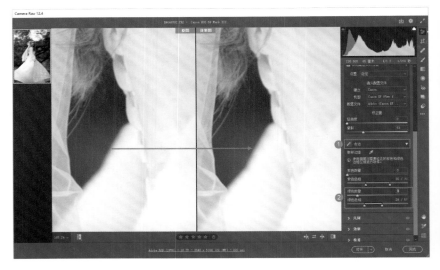

图 6-3

88
照片整体修饰

接下来进行照片的整体修饰。

回到"基本"面板中，适当提高整体的曝光值，降低对比度和高光值，提亮阴影值，降低白色值和黑色值，如图 6-4 所示。所有的操作主要是为了缩小画面的反差，因为降低对比度、降低高光、提亮阴影之后，反差就会缩小，暗部呈现出了更多的细节和层次。画面反差变小之后，影调变得更加柔和，这是对照片整体的调整，很多人像题材的照片也都会这样调整。

图 6-4

　　在下方的参数中，适当降低清晰度的值。所谓清晰度主要对应的是照片中一些景物的轮廓，像黑色的树枝边缘就是比较明显的轮廓。通过降低清晰度可以让轮廓变得更加柔和，让画面变得更加干净。但是如果清晰度降低的幅度过大，画面会产生朦胧感，不够清晰。因此，适当地提高纹理值，能够确保画面中的人物面部等依然保持足够的清晰度和锐度，如图 6-5 所示。

图 6-5

89

照片局部调整

照片的整体调整初步完成，接下来对照片进行局部调整。局部调整是影调重塑的第一个步骤，首先要对人物面部等区域（也就是比较核心的区域）进行提亮。因为之前已经讲过，没有补光，导致人物的面部比较暗，所以我们在右侧的工具栏中选择"径向滤镜"，以人物的面部为中心绘制出一个椭圆形，稍微提高曝光值。这样人物面部所在区域会变亮，效果非常明显，如图 6-6 所示。

图 6-6

对于一些还想提亮但不是很规则的区域，可以使用调整画笔等工具进行涂抹，也可以再次在照片中新建一些比较小的径向滤镜区域，进行提亮。本案例中，在裙子的边缘位置建立了一些比较小的径向滤镜区域，适当地进行了提亮，如图 6-7 所示，这样就将核心区域的亮度调整为想要的亮度。

如图 6-8 所示，以人物的肩部或头部为中心建立一个径向滤镜区域，先要在"径向滤镜"面板上方勾选"反相"。如果不勾选"反相"，我们调整的是选区之内的区域，也就是人物面部等区域；一旦勾选"反相"，则将要调整的是选区之外的区域。因为要提亮人物面部，所以可以压暗四周，从而让画面产生对比效果，四周暗，人物面部亮，起到重塑影调的作用，最终实现强调人物面部、弱化环境。反相之后适当地降低曝光值，并调整径向滤镜区域，这样就完成了照片的局部调整，单击"打开"按钮，就可以将照片载入 Photoshop，并进行后续的调整。

图 6-7

图 6-8

6.2 画面瑕疵与细节控制

90 瑕疵修复

进入 Photoshop 之后，要对人物的肤质进行优化，主要包括修复一些比较明显的面部瑕疵等。如图 6-9 所示，放大照片，在工具栏中选择"污点修复画笔工具"，找到人物面部比较明显的黑点瑕疵，直接单击，就可以将这些瑕疵点修复。当然要注意，在修复时要时刻注意调整画笔直径的大小，调整时只需在英文输入法状态下，按"["或"]"键即可改变画笔直径的大小，这样更快一些，而不用在上方的选项栏中通过调整相应参数来改变画笔直径的大小。

图 6-9

经过调整之后，人物的面部干净了很多，没有了黑点瑕疵，如图 6-10 所示。

图 6-10

91

肤色优化

优化人物的肤质之后还要进行肤色优化，让人物的肤色更白。

按 Ctrl+Shift+A 组合键，可以再次载入 Camera Raw 滤镜。如图 6-11 所示，切换到"混色器"面板，切换到"饱和度"子面板，降低红色、橙色与黄色的饱和度。其中橙色饱和度降低的幅度要大一些，人的肤色中橙色的含量都是最高的，所以通过降低饱和度，人物肤色会变得更白。

图 6-11

如图 6-12 所示，切换到"明亮度"子面板，同样对红色、橙色和黄色的明亮度进行提升，对人物的肤色进行进一步调整，使其变得更白，这样对人物的肤色的调整就完成了。

单击"确定"按钮，返回 Photoshop 主界面。

图 6-12

92
面部液化

接下来对人物的面部进行五官整形，也就是通过液化滤镜对人物的面部进行液化。

单击"滤镜"菜单，选择"液化"命令，可以进入单独的"液化"界面，如图6-13所示。

进入"液化"界面之后，先不要盲目地进行调整，首先要单击左侧工具栏的"面部工具"，这是非常好用的工具，如图6-14所示。单击该工具之后，通过调整界面右侧的参数，即可针对面部的五官、脸型等进行非常细致的调整。

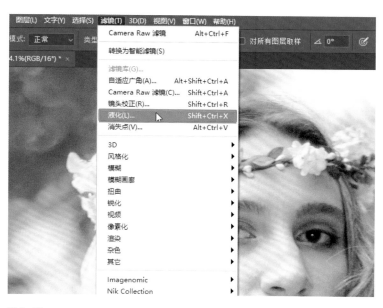

图 6-13

图 6-14

　　对于本照片中的人物来说，可以放大人物的眼睛，稍微提高人物的下巴，稍微缩窄鼻梁，这样人物会显得更加秀气，如图 6-15 所示。

　　这里要注意的是，调整人物眼睛时，需要对两只眼睛进行同样的调整，所以在调整时首先要"单击眼睛大小"这个参数中间的链接标记，表示两只眼睛同时调整，这样在调整时两只眼睛就会发生同样的变化。经过调整之后，人物整体变得更加甜美、秀气，这种变化可能是很轻微的，但是给人的观感会完全不同。

　　仔细观察照片，可以看到人物鼻梁中间有一块突出的骨头，如图 6-16 所示，它破坏了人物的美感，通过"面部工具"无法很好地调整、修饰。这时可以在左侧工具栏选择"前推工具"，在右侧的参数中缩小画笔工具的直径，将鼠标指针移动到鼻梁凸起的骨头上，单击并向下拖动鼠标，收缩这块骨头，让人物的鼻梁更直一些。这样就完成了人物整体五官的塑形。

　　单击"确定"按钮，返回 Photoshop 主界面，照片的整体处理初步完成。

图 6-15

图 6-16

93

锐化与降噪

接下来进行照片的锐化与降噪处理。

按 Ctrl+Shift+A 组合键，再次进入 Camera Raw 滤镜。进入之后切换到"细节"面板，在其中适当提高锐化值，如图 6-17 所示。放大照片可以看到，照片整体锐度变高。但要注意一点，锐化针对的是画面中所有的元素，但正常情况下的锐化应该只锐化边缘位置，比如发丝的边缘、睫毛与面部的结合边缘、鼻梁线、嘴唇线等；而原本应该保持光滑的区域不应被锐化，且要避免这些区域产生噪点。比如人物的腮部应该是光滑的，但是锐化之后这个区域会产生噪点，让画质变得不够理想，所以在锐化时应该限定区域，只限定发丝、睫毛等的边缘。

图 6-17

具体限定时，需要借助于"蒙版"来实现。设定锐化值后，按住 Alt 键，向右拖动"蒙版"滑块，让照片变为黑白的线条图状态，如图 6-18 所示，白色区域是进行锐化的区域，黑色区域是不进行锐化的区域。也就是说，之前设定的锐化只对白色区域产生影响，由此限定了锐化区域。

图 6-18

如果感觉应保持光滑的区域还是因为锐化产生了噪点，还可以提高"减少杂色"值，消除照片中单色的噪点，并提高"杂色深度减低"的值，消除照片中彩色的噪点，最后单击"确定"按钮，返回 Photoshop 主界面，如图 6-19 所示。这样画质会更加理想，从而完成了照片的锐化与降噪处理。

图 6-19

6.3 调色与光影重塑

94
调色，打造特定风格

对于一张普通的照片来说，通过前文介绍的多个步骤和技巧的操作，基本就完成了初步处理，但如果追求人像摄影作品的精美度以及特定的风格，则需要进行适当的调色、磨皮等处理。

如图 6-20 所示，我们以这张照片为例进行简单的调色。观察这张照片，它整体是偏黄的，背景不够纯净，画面就显得不够干净。这时可以单击"图层"面板下方的"创建新的填充或调整图层"按钮，选择"曲线"，可以打开"曲线"面板，创建一个曲线调整图层。

图 6-20

　　在打开的"曲线"面板中，首先切换到蓝色通道。因为原照片显得比较黄，所以要降低黄色的比例，而提高蓝色的比例就相当于降低黄色的比例，其原理是添加黄色的补色，就相当于降低黄色的比例。

　　如图6-21所示，切换到蓝色通道，单击曲线并向上拖动，减少照片中的黄色，此时画面变得偏蓝，甚至偏紫，也就是红色成分比较多。

图6-21

　　因此可以切换到红色通道，单击曲线并向下拖动，减少照片中的红色，如图6-22所示。先不要考虑人物面部以及衣服部分的颜色，主要考虑背景，减少红色成分能够让整个背景变得偏青蓝色。

图6-22

切换到绿色通道，稍微向上拖动绿色曲线，一般绿色曲线的调整幅度比较小，调整后背景变得更加偏青、更加偏蓝，如图6-23所示。

图6-23

观察照片，发现背景中的蓝色有些过多了。再次切换到蓝色通道，稍微向下拖动蓝色曲线，如图6-24所示。此时背景的色彩效果已经好了很多，与预期的效果相差不大。

图6-24

关掉"曲线"面板，在工具栏中选择"渐变工具"，将前景色设为黑色、背景色设为白色，设定从黑到透明的圆形渐变，适当降低不透明度，然后将鼠标指针移动到人物上，拖出短短的线，将人物部分还原出来，如图6-25所示。

对于人物面部等的还原，可以将不透明度设置得高一些，对于人物的衣服等部分（特别是下方的衣物部分），可以将不透明度设置得稍微低一些以进行还原，这样人物面部整体会显得偏暖色调，下方的裙摆部分会显得更偏冷色调，与背景形成更好的过渡。从"图层"面板中的曲线调整蒙版的明暗分布来看也是如此。

图 6-25

通过以上几步调整，可以发现背景部分依然呈现非常纯净的青绿色，人物部分的色彩正常，调整之后，因为色彩不是特别均匀，有些边缘区域的过渡可能不是那么自然。针对这种情况，可以双击蒙版，在打开的"属性"面板中，提高蒙版的羽化值，如图 6-26 所示，从而让调整部分与未调整部分（还原部分与未还原部分）的过渡更加自然，这样就完成了照片的调色。

图 6-26

接下来再次对人物部分进行强化来压暗四周，从而突出人物。

按 Ctrl+Alt+Shift+E 组合键，盖印一个图层出来，如图 6-27 所示。

按 Ctrl+Shift+A 组合键进入 Camera Raw 滤镜，选择"渐变滤镜"，稍微降低曝光值，一般设置为 -0.15 或 -0.20 的曝光值即可。然后由照片四周向中间拖动鼠标，降低四周的亮度，让四周的亮度有变暗的倾向，多次调整渐变，进行渐变效果的叠加，让过渡效果更加理想。

如图 6-28 所示，调整完成之后，单击"确定"按钮，返回 Photoshop 主界面。

图 6-27

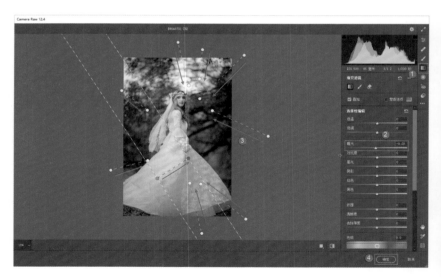

图 6-28

95

磨皮

调色完成之后，需要进行磨皮处理，目的是让人物的肤质变得更加柔和、清晰、漂亮。

单击"滤镜"菜单，选择安装的第三方滤镜——"Portraiture 3"磨皮滤镜，如图 6-29 所示，这样可以进入单独的 Portraiture 磨皮滤镜。

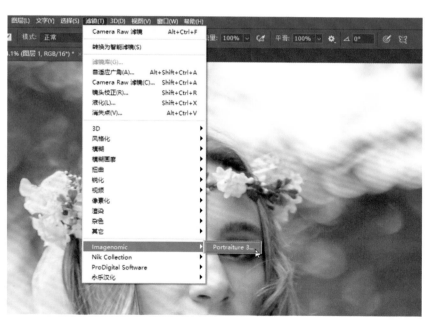

图 6-29

Portraiture 磨皮滤镜的功能虽然看起来非常多，但与其他的磨皮软件相比，它的使用方法是非常简单的，几乎所有的功能都已经出现在了左侧的参数列表中，左侧有"SMOOTHING""SKIN MASK""ENHANCEMENTS"这 3 个板块，如图 6-30 所示。

图 6-30

　　第一个板块"SMOOTHING"主要用于实现人物的磨皮,如图 6-31 所示,大幅度提高各种参数的值,人物面部的光影得到重塑,皮肤变得非常光滑。当然这种磨皮也可能会带来新的问题,比如此时可以看到照片中的噪点开始变多,后续可以通过其他参数来进行调整。

　　第二个板块"SKIN MASK"主要是用于建立皮肤蒙版,这个板块用于限定对人物的皮肤进行磨皮,而不对皮肤之外的发丝、背景等部分进行磨皮。通常情况下要开启"SKIN MASK",但是不需要对其进行调整,软件的自动识别效果就非常理想。

　　第三个板块"ENHANCEMENTS"主要用于对照片中的磨皮效果进行锐化或柔化等处理,可以根据之前的磨皮情况来决定如何处理。如果感觉磨皮的效果非常强烈,画面过于柔和,则可以开启这个功能,进行锐度的提高;如果感觉磨皮效果已经非常理想,不必进行锐化或柔化处理,则可以关掉这个功能。

　　这里我们关掉了"ENHANCEMENTS",如图 6-32 所示。通过对比可以看到,磨皮前后的效果差距还是非常大的,磨皮之后的效果相对比较理想。单击"OK"按钮,返回 Photoshop 主界面,此时就相当于对盖印图层进行了磨皮。

图 6-31

图 6-32

单击"图层"面板底部的"添加矢量蒙版",为磨皮的图层创建一个蒙版,如图6-33所示。

创建蒙版之后放大照片,通过观察可以发现磨皮过度,照片中部分区域失去了层次和纹理。此时可以在工具栏中选择"画笔工具",将前景色设为黑色,将不透明度调整到 75% 左右,在照片中对磨皮过度的区域进行涂抹,还原出这些区域的纹理和细节,如图 6-34 所示。这样就完成了照片的磨皮处理。

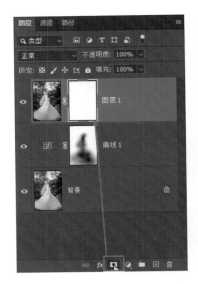

图 6-33

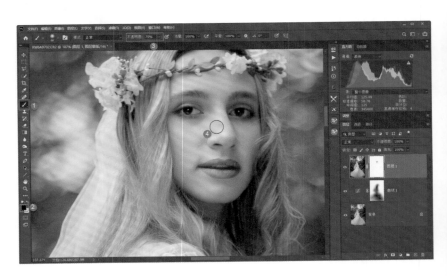

图 6-34

96
重塑光影

最后要对照片进行光影重塑，对照片的局部进行微调，让画面整体看起来更加干净、人物面部更加光滑。比如，人物面部的鼻梁与腮部之间的部分有浓重的阴影，因为之前对鼻梁处凸起的骨头进行了压缩，显得并不平整，人物面部的表现力大打折扣，这种情况可以通过光影的轻微重塑来进行处理，如图 6-35 所示。

图 6-35

对于一些比较暗的区域，可以先创建一个曲线调整图层，直接进行提亮，如图 6-36 所示，全图都会得到提亮。

按 Ctrl+I 组合键，对创建的曲线调整图层进行反相，如图 6-37 所示。反相处理之后，蒙版变为黑色，表示遮挡当前的调整效果，也就是提亮效果被黑蒙版完全遮挡。

图 6-36

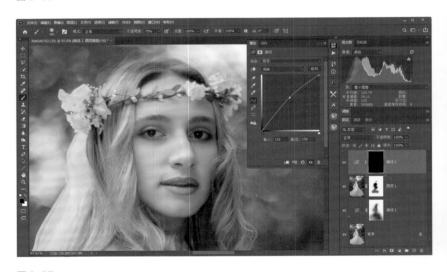

图 6-37

这时可以再次选择"画笔工具",将前景色设为白色,大幅度降低画笔的不透明度,笔者一般习惯将其设定为 12% 或 13%。缩小画笔直径,在人物面部需要提亮的阴影部分进行轻轻的涂抹,如图 6-38 所示。

之前的曲线调整图层对所有的区域进行提亮,通过将其白蒙版变为黑蒙版,将调整效果遮挡了起来。又用白色画笔在这些需要提亮的位置进行涂抹，就可以将需要提亮的位置重新提亮，从而实现光影的重塑。

图 6-38

对人物鼻子两侧以及嘴唇的边缘等部分进行轻微的涂抹提亮，并且对鼻梁部分也进行修饰，光影得到了重塑，人物面部显得非常干净、光滑、完美，如图 6-39 所示。

调整完成之后，放大人物面部可以看到，鼻梁和鼻子两侧的区域都调整到位了，如图 6-40 所示。

图 6-39

图 6-40

对于人物的眼眶等部分，可以采用同样的方法进行修复和光影重塑，依然使用曲线提亮、蒙版反相等操作，如图 6-41 所示。

图 6-41

再次选择白色画笔，对人物的眼眶等部分进行轻微的提亮，让人物的眼睛显得更有神采，如图 6-42 所示。这样就完成了人物面部的光影重塑，让人物面部变得更加完美。

图 6-42

在完成整个照片的处理之前，可以创建一个曲线调整图层，并创建一条轻微的 S 形曲线。这样可以增大画面影调的反差，让画面显得更加通透，如图 6-43 所示。为了避免暗部变得过暗，可以选择曲线左下角对应暗部的锚点，单击并稍微向上拖动，将暗部强行提亮，画面暗部显得更加轻盈、通透，这样就完成了整个照片的处理。

图 6-43

将图层拼合起来，单击 Photoshop 的"图像"菜单，选择"模式"→"8 位 / 通道"命令，如图 6-44 所示。在 ACR 中进行处理时，笔者更喜欢设定为"16 位 / 通道"，避免在处理过程中损失过多的影调和色彩细节。在完成处理之后，为了方便在其他设备上预览照片，需要将其转为 8 位通道的，这里选择"8 位 / 通道"就将照片由 16 位通道的转为了 8 位通道的。

图 6-44

　　在输出照片之前为了保持各种设备上的色彩统一，需要将照片的色彩空间转为 sRGB 模式。因为在 ACR 中进行处理时，笔者更习惯于将色彩空间设定为 Adobe RGB 或 Pro Photo RGB 这种更大的色彩空间，来对照片进行处理。现在输出照片时，需要将色彩空间改为较小但兼容性更好的 sRGB。

　　单击"编辑"菜单，选择"转换为配置文件"命令，在打开的"转换为配置文件"对话框中，将"目标空间"设定为 sRGB，然后单击"确定"按钮，完成色彩空间的转换，如图 6-45 所示。最后再将照片保存为 JPEG 格式的，就完成了这张照片的整个后期操作。

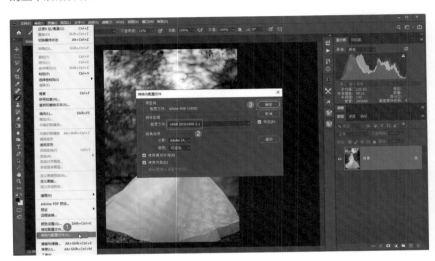

图 6-45